U0946923

涵养女德 幸福一生

李宛儒 陈艺文 主编

新世界出版社
NEW WORLD PRESS

图书在版编目(CIP)数据

涵养女德　幸福一生 / 李宛儒,陈艺文主编. －北京:新世界出版社,
2012.12

ISBN 978 －7 －5104 －3468 －6

Ⅰ.①涵…　Ⅱ.①李…　②陈…　Ⅲ.①女性－修养－通俗读物

Ⅳ.①B825 －49

中国版本图书馆 CIP 数据核字(2012)第 314865 号

涵养女德　幸福一生

作　　者:李宛儒　陈艺文

责任编辑:余守斌　曲静敏

责任印制:李一鸣　黄厚清

出版发行:新世界出版社

社　　址:北京西城区百万庄大街 24 号(100037)

发 行 部:(010)6899 5968　(010)6899 8733(传真)

总 编 室:(010)6899 5424　(010)6832 6679(传真)

http://www.nwp.cn

http://www.newworld－press.com

版 权 部:+8610 6899 6306

版权部电子信箱:frank@nwp.com.cn

印　　刷:北京爱丽精特彩印有限公司

经　　销:新华书店

开　　本:710mm×1000mm　1/16

字　　数:200 千字

印　　张:17.5

版　　次:2013 年 2 月第 1 版 2013 年 2 月第 1 次印刷

书　　号:ISBN 978 －7 －5104 －3468 －6

定　　价:32.80 元

推荐序

学习中华女德之盛典促进家庭社会之和谐

——写在“中国·新郑首届女子道德修养公益论坛”演讲集成书之际

2011年3月6日至8日，中国·新郑首届女子道德修养公益论坛，在市炎黄文化中心隆重举行。本次论坛诚邀了传统文化，尤其是弘扬女德的知名学者、资深讲师，莅临新郑，集中宣讲了中华传统女德，提出了鲜明的见解和主张，不仅让场内的听众获益匪浅，而且引起社会各界的强烈反响，这是一届成功的论坛，打造了文化的盛宴，展现了“和谐社会　道德为要”的鲜明主题，也是一次和谐的论坛，唱响了道德的礼赞，体现了弘扬女德、力行女德的时代追求。

时隔一年，本书编辑至诚邀请，于此成书之际，写一篇序言，不才学人自知没有资格，然仍不揣浅陋，在这里向大众推荐这本好书，参与学习、推广女德教育以来实在受益良多。

《礼记·学记》云：“人不学，不知道。”学习了女德，才知道一个女子在家里的殷勤，原来是爱心，是只问施恩，不求回报。学习了女德，才明白，原来女子要似水，水的美在于谦德、下位、卑弱、不争。古人云：“江河所以为百谷之王者，以其善下也”。而正因水之善下，又被誉为上善。而水之所以能不争，是因为“舍掉欲念”，放下了自私自利。所谓天理战胜了人欲，自我欲“仁”而“斯仁至矣”。柔弱女子

相夫教子，滋润家庭，行上善之德，以身“教”“化”到丈夫和孩子，本位之中，无私无我，奉献于家国天下，成就圣贤行谊。大哉，女德！

一位女德教育家说过：女子是世界的源头，欲世界好，国家好，社会好，家庭好，必从女子身上好。明白女子之道，是做好女子的前提。所谓正本清源。

在论坛上带来精彩演讲的陈静瑜老师面对记者恳切地说：我们古圣先贤有讲，平天下要首正人伦，就是人与人之间的关系要摆正；正人伦要首正夫妇，就是我们讲的社会和谐要从家庭和谐开始，若每个家庭都不和谐，都乱了，那社会也就乱掉了。家庭就像社会的小细胞一样，正夫妇一定要首正女德，因为一个家庭，女子是关键，她不仅涉及到母教，还会影响到男人的事业，所以你看那个安字，底下是个女字，女子要安了，全家就安稳。

俗话说，压轴的是好戏，此言不虚。还清晰记得本次论坛最后一场，传统文化资深讲师赵良玉女士刚一走上台，全场便掌声雷动，因为大家期待已久。新郑市委的一位领导由衷地说：“赵老师一上台，整个会场就像圣殿一样！”一位老师回应说：“圣母上场了，应该是这个氛围！”赵老师培养的独子钟茂森成为当今学子的典范，在美国留学，用四年的时间完成七年硕博连读的课程，又在四年中完成美国资深教授水平的八篇论文，为国争光。儿子做了博士生导师、终身教授，这位伟大的母亲深感当今不是缺少金融教授，而是缺少圣贤师资，毅然决然地支持儿子辞去终身教职，投身弘扬中华文化的圣贤事业。她说：“能孝敬自己的父母，是小孝；能孝敬天下的父母，全心全意为人民服务，是大孝；能成就圣贤、普利众生，使千秋万代人获益无穷，是至孝。我支持儿子走上大孝，奔向至孝。”古来都是因为有贤母，才教出来历代圣贤。诚愿天下女子都能力行女德，为家庭培养优秀后代、为社会培养优秀人才，只有家庭和睦，才可能实现社会的真正和谐。

想到失教的一些现代女子，没有人告诉她们温柔的母亲最美，一个女子最完美的事业是相夫教子，成就和睦家庭、兴旺家族乃至使国家昌隆。有些女子太强了，强到让人望而却步。女子太强，如石头，男人用脚踢可能都会怕脚痛；如果女子如水，男子就愿意用双手把女子捧起来。有些强势的女子的确赢了“世界”，可是输了家庭和孩子，输了女子自然的本位，那么赢得了“世界”，又如何呢？

温柔似水的女子能够忍耐，耐心是爱心。因为忍是以大局为重，所以忍到风平浪静，忍到家和人乐。她们知道女子的力量是温柔，水滴终可穿石。

“夫义妇听”，学习了女德，才明白原来妻子听的是丈夫的“义”，如果没有道义，不仅不能“听”，还有劝导，承担起教化丈夫的责任和义务。所谓助夫成德，不仅是随喜功德，顺势与丈夫做些有德之事，更是在丈夫偏离道义，甚至不“仁”不“义”的时候，挺身而出加以规劝，“亲有过，谏使更”；“怡吾色，柔吾声”，以柔胜刚，是女子们“滴水穿石”的功夫。

水，洗濯尘垢，善利万物而不争；随方就圆，不执着一个姿态；唯一不变的是水始终谦卑向下奔流到东。水遇热成汽，幻化于无形；遇冷结成冰霜，冰清玉洁；遇到同道便欢喜相容，共同演绎一段奔流到海的精彩……让我们由水的品德体会女子之德，真是美哉！

社会上多一个好女子，就可能多一个好妻子，好妈妈；我们不希望自己的妈妈温柔贤淑吗？丈夫们不希望妻子与自己“死生契阔，与子相悦，执子之手，与子偕老”吗？男孩子不希望自己得遇“窈窕淑女”吗？我们如果有了女儿不希望她清贞庄重吗？相信答案是肯定的。而这本书一定会启迪群蒙，导引女子提升对家庭和社会的责任感，从心境上尽快回归本位。有缘学习的女子，若能立志学为人师，行为世范，以身教在社会中做出榜样，必能光大女德教育。虽然任重

而道远，我们也相信《弟子规》所说：勿自暴，勿自弃；圣与贤，可驯致。

印祖云：闺阃乃圣贤所出之地，母教为天下太平之源。弘扬传统文化，复兴女德教育，从我做起，从我家做起。

我们深信，此演讲集，将为辉煌的传统文化长卷，添上精彩的一笔。在此，我们感恩先祖，感恩新郑市市委市政府，感恩为成就此书而辛勤付出的所有仁者；也真诚恳请诸位方家仁者不吝赐教，以期女德教育日臻完善，利在当代，功在千秋。至诚鞠躬！

——马益玲谨呈

阴阳和合、天下太平

阴柔阳刚，这两上词我们从小就听过，可一直以来就很少有人给我们详细地讲解过，这就使得我们之中很多的女人大半生都没有找到自己的恰当位置，因而导致了各种不幸事件的发生。

随着我国改革开放的步子逐渐加大，我们忽然发现，经济越发达，人的道德水准越是需要跟上，否则就真的成了经济动物，丧失了做人的底线。其实，早在古代，祖先就为我们女人量身订做了修身立德的规范教材。无论是《弟子规》，抑或是班昭的《女诫》、唐朝的《女论语》以及后来的《女范捷录》《内训》等，都是为窈窕淑女制定的标准。

可由于近代人对三从四德的错误理解，竟让像《女儿经》这样的女学读本都难以在市面上看到。因缺少家教、女教而导致的种种社会问题，让人们苦不堪言。其实读圣贤书就是与圣贤交流沟通的过程，也就是明心见性的过程。古训女德涉及立身、学做、早起、事父母、事舅姑、事夫、训男女、营家等一系列事情，周到细致地告诫人们，身为女子应如何带领、指导自己的儿女，如何对待一生要经历的重要人和事。系列女德教材的面世和诸善女子率先讲学、身体力行的操行楷模，对当今浮躁的社会中的早熟儿童和迷茫少女，以及那些无法断奶的女大学生来说，实在是一剂清凉散，令人耳目一新，对于父母来说，更是一场拯救家庭的及时雨。

感恩当今政府倡导繁荣和发展的中华传统文化，让我在花甲之年得遇圣教《女德》系列教材。这些教材让我爱不释手，欣喜异常。我亲

自倡印描写版系列，以飨嗷嗷待哺后生。在讲学实践中那些受益者的感悟更让我备受感染，深感女德的传承与弘扬工作任重道远。

书中的一篇篇新作，给中华母亲点亮了一盏明灯。女界贤良陈静瑜、刘芳、谷大嫂等的讲学与力行，更是让我感动万分。见贤思齐，我等更应该努力啊。

祝贺《涵养女德 幸福一生》一书的面世，相信通过大家的努力，社会风气的改观指日可待。

刘 冰

2012 年 6 月 8 日北京樱花园寓所

涵养女德幸福一生

在一个人一生所受的教育中，家庭教育占据了十分重要的地位。

科学研究表明，婴儿在出生后的两三天，虽然不会说话，可是他已经会看会听了，大人们的一举一动，都会留给他深刻的印象，而且这个印象是根深蒂固的。那么，这个给他第一印象的人是谁呢？一定是跟他最亲近的母亲。所以说，母亲的言行举止会影响这个孩子的一生。我们的孩子优秀与否，关键在于母亲优秀与否，在于有美好愿望的母亲对他的言传身教。圣贤是教出来的，菩萨是教出来的，好人是教出来的，坏人也是教出来的，就看你怎么去教！你用善去教，他就变成善人，你用恶去教，他就变成恶人。

更值得注意的是，女人的责任不只表现在母亲这个角色上。她上要对父母、公婆和自己的丈夫，下要对儿女、晚辈，平要对周边的妯娌、姑叔和亲戚朋友等。如果女人能够真正做到诚敬谦和、仁慈博爱，那么一定能够提升家运，一定能够促进整个社会的和谐、国家的和谐甚至世界的和谐。

中国的教育有 5000 年的历史，其中的经验、智慧、方法与内涵，是任何一个有智慧、有远见的人都不会忽视的。而女德作为传统教育的主要部分，更应该引起人们的重视，因为它包涵了作为一个女人所有的智慧。

女人要全心全力为家庭、为社会、为国家、为整个人类培养德学兼

备的下一代。换句话说，家族的兴旺、社会的安定、国家的繁荣、天下的太平，这些责任都落在了妇女身上！

“治国平天下大权，女人操得一大半。”有贤女才有贤妇，有贤妇才有贤母，有贤母才有贤子孙。纵观中国古代的历史，虽然女子受教育的记录屈指可数，但是她们几乎均受益于传统的教育，并且成就了一代又一代的圣贤。周朝“三太”的德行为人称颂，教出了许多圣贤的子孙；战国时孟母三次搬迁，培养出一代圣人；三国时诸葛亮夫人以其才德，影响了蜀汉名相；唐朝时长孙皇后的深明大德，促成了贞观盛世。

所以，我们有必要把中国传统“女德”理念，向全国甚至是全世界推广。

但是，一个不容忽视的现实是，近几十年来，大家似乎对女德的教育有所忽略。

作为道德中非常重要的部分——女德，如果现代人对其没有足够的认识，致使其推广受限的话，岂不令人痛心？

生活中，很多孩子误入歧途，很多少女自甘堕落，很多成年人浑浑噩噩，很多老人孤苦无依，人们遇到困难只能选择无奈和叹息，从此一蹶不振，面对失落时往往容易烦躁忧郁。这是什么原因呢？是因为我们缺失了传统文化的教育。

不可否认，生活在这样一个高速运转的时代，每个人都会感觉到自己就像是上紧了发条的钟摆，单调地重复每一天的生活，而忘了自己出发的目的和内心深处的梦想。虽然生活环境的变化我们无可阻挡，但是，我们可以把握自己面对生活的态度。我们应该很幸福，只是因为面对太多的诱惑和竞争的残酷，心灵开始浮躁了。

如果把人生比作是一出戏剧的话，我们应该是导演，有着随时叫停的自由，完全没有必要像剧目里的一个群众演员那样随波逐流。但是如何使自己真正安静下来？那就是：重拾女德，历练心灵。

鉴于此，我联合同样是传统文化的修习者和传播者的陈艺文女士，共同主编了这本《涵养女德幸福一生》，本书汇集了陈艺文女士在北京盘古女学社所讲的四个女人的故事，以及在“中国·新郑首届女子道德修养公益论坛”上，李宝库、陈松鹤、傅冲、陈静瑜、刘芳、谷爱林、赵良玉七位老师的精彩演讲。本书成书之际，要特别感恩为本书倾情作序的马益玲老师和刘冰老师，感恩原新郑市副市长景雪萍老师对本书的支持，感恩所有正在学习和弘扬“女德”及中国传统文化的同修伙伴。祝愿全天下的女子身心和谐、家庭和谐、幸福一生！

李宛儒

涵养女德真的能获得幸福吗

北方的冬夜，最容易感受到家的温暖与爱。陪小女儿洗完澡，带她进入温馨恬静的梦乡，再给80多岁的老母亲洗脚揉腿，唠唠家常，适时地为正在看书的“大当家的”端上一杯热水，递上保健的营养片……看到家里每一位成员都充满了祥和与平静，我的心中充满了感恩：对生活的感恩，对亲人的感恩，对师尊的感恩，对圣贤的感恩，对宇宙的感恩。

此刻，一个人在禅堂席地而坐，燃上一炷沉香，听着天籁梵唱，内心祥和而宁静。因由这样一本书，让我坐下来，细细地怀想这一路的坎坷与幸运。

研究生毕业那一年，我从如日中天的湖南经视辞职后加盟广东卫视。不为别的，只想着女孩子不可以太拼命，有个朝九晚五的工作，嫁个公务员安安稳稳过日子就足矣。于是几多惋惜抛在脑后，放着制片人不做，宁愿从头来过。

广州的日子几乎每天歌舞升平，这种生活显然不合我的本愿，一年后，我异常勤奋地兼了三份撰稿人工作。由于缺乏精神滋养的人文大环境，我慢慢地感到内在枯竭。某一天，我再一次辞职，毅然赴京，考入央视二套做记者，同时进入电影学院文学系进修。因为，当时我最大的理想是成为一名优秀的编剧。

北漂的日子刚刚开始，机遇降临。几乎不可思议地我被各种因缘推动着做起了影视制作人，回到广州开办了影视公司。从此一路贵人不断，幸运连绵，福利双收。当初立志做个小女人的我不知不觉演变成了众人眼中的“女强人”。

当年的我年轻而小有成就，把一切尘事都不放在眼里。一心追求自由自在、无所羁绊的人生，“丁克家庭”、“旅居人士”、“BOBO 一族”、“逍遥游者”、“城市地主”、“购物狂人”就是我的标签。早在 2003 年的时候，就已经“买房像买白菜一样”了，所以柴米油盐的生活不在我的字典里。

福兮祸所伏。财富、名誉、美丽和才华都是上天赐予的福报，福报太大，德行不足，就会面临德不配位的磨难。“女强人”多数家庭不幸，皆是因为不懂女德，不会积福。福报享完，徒留一颗破碎的心面对破碎的家。

当年的张狂现在想起来都感到汗颜。婆婆小心翼翼地想教我做饭，我掂着脚尖，一手提着长裙一手捏着鼻子陪她去了一次菜市场之后，就丢给她一句话：“我就不是干那种俗事的人，家务事我出钱，请几个保姆都行。”

由于我较早关注投资和理财，2000 年就开始投资房产，2005 年基金股票的大行情都踩准了点，所以拥有了相当的财富。2006 年我张狂地对外宣布“退休了”，当年不过 34 岁，正是流金岁月。

“退出江湖”的生活逍遥自在，但也寂寞难耐。为了呼朋唤友，我在丽江购买了两栋别墅还租下了两间四合院。由此因缘，创办了著名的“懒人公社”，200 多位有钱有闲、热诚豪爽的中产阶级人士加盟公社成为社员。随后又把丽江的四合院推倒重建，建得美轮美奂，在丽江古城首屈一指，低调而奢华，成为懒人们的梦想行宫。

不得不说生活对我真是青睐有加，面对所有人的赞赏，我挂在嘴边的一句话是：感恩上天眷顾。可是，只有我自己清楚，炫目的光环下的幸福正悄悄离我而去。痛苦、纠结、不安悄然占据了内心。

记得有一天夜晚，我在楼下的花园里散步，跟一个亲密女友感叹：

“为什么我现在住在广州最昂贵的房子里，却是人生最痛苦不堪的时候？还不如当年刚来广州时，住在租来的房子里快乐？”

第一个不快乐，是为情所困。当年的神仙眷侣如今貌合神离，相看两相怨。

第二个不快乐，是为钱所困。2006年宣布退休时的富足感消失了，因为身边聚集的有钱人越来越多，比较心一起，就出现了匮乏之心。

第三个不快乐，是为名所困。一路在众人的“捧杀”之下生活，面子已经取代了真实的意愿。

第四个不快乐，是为“求不得”所困。想要的太多，求不得的烦恼随之而来。

第五个不快乐，是为健康所困。心的纠结带来身体的疲惫，身体瘦弱而敏感。

第六个不快乐，是为无明所困。无明带来的烦恼循环往复，无休无止。现在看起来不足挂齿的小事，当时被放大到无法释怀。

经历了人生最黑暗的一年，我亲手终结了自己花团锦簇的生活。那不是我要的幸福，因为真正的幸福应该是内心的富足而不仅仅是物质的富足。我像一个孩子一样，离开了养尊处优的家，背起行囊移居北京，独自一人踏上了寻求永恒幸福的路。

生活回到原点，一切归零。谁也无法想象，我躲在北京的社区里，开始逼迫自己变成一个一无所有、再普通不过的女子，开始过每一个女人都要经历的普通生活。一个人去菜市场买菜，然后回家做饭、洗衣服、搞卫生。这些在很多人看来再普通不过的生活，对我而言却是意义非凡。以前，从骨子里认为家务琐事是没本事没地位的“窝囊人”干的活，所以心底里是抗拒的；现在，明白一个人能把自己放低了，放到自己曾经最不屑的位置，而能不失去自信自尊、快乐的活在当下，这是一种能令人突破局限、提升境界的人生历练。

然而，历练的道路总不会一帆风顺。漫长的岁月容易让人忘记初心。当慢慢的我谙熟于家事了，却又找不到人生的意义何在了？难道人生就是为了柴米油盐酱醋茶吗？那时的我，一边追索，一边探寻，一边叩问：我这么辛苦值得么？收起财富，放下名利，我是谁？我的价值在哪里？我的未来将去向何方？我的今生意义何在？

黑暗里的钻石是在国学宝藏里寻找到的。

与国学结缘是源于一本薄薄的古书《大学》，里面两句话陡然改变了我的人生方向。我开始怀想：2006 年正是我在商业战车上驰骋的火热年代，恰恰也是表面风光内心最彷徨的季节。明明是财富越积越多，远远超越了我所能想象的，可是心中却越来越恐慌，恐慌某一天财富不再滚滚而来，恐慌某一天失去当下的辉煌，恐慌某一天遇见比我更有财富更辉煌的人。甚至做梦总是重复着刹车失灵难以自控的场景。随着财富的增加，人也变得越来越复杂，面对别人也不再坦坦荡荡，防范心越来越重，慢慢地，身边虽然高朋云集，内心却孤独自闭、凄苦难言。

《大学》里有一段话："知止而后有定，定而后能静，静而后能安，安而后能虑，虑而后能得。"再往后读还有一句话："人莫知其子之恶，莫知其苗之硕。"这样两句话如重锤敲击在我心上，我终于找到自己纠结迷惑了数年的答案。贪心欲望太多，永无止境，不知该止于哪里，就不知归宿在哪里，正如骑在飞奔的战车上，却不知刹车在哪里，人岂能不恐慌？

那么，别人都在飞奔而我"止"下来，岂不更恐慌？比较心态正是我们失去平衡心的杀手，向上比较失去幸福感，向下比较易生骄慢感，所以圣人教我们看到自己田中的丰硕，不去艳羡别人的丰盛。于是，我盘点自己的拥有，发现此生无忧，恐慌感顿时烟消云散。我风轻云淡地退出了商业战场。后来的股市、房市、经济一路惨淡，而我幸运地安享内心的平静。每每念及于此，深深感谢圣贤留下的智慧，为我点亮心中的一盏明灯，助我挥剑斩下欲望之魔。

从残酷的战场上退出来之后，面临的是家庭和自我的战场。常年身着战袍，心性里早已经不再像个女人，反而变成了穿着裙子的男人。刚强的处事方式早已深深地刺伤了家人和自己的心灵，千疮百孔难以修复。

向哪里寻求救赎心灵的良药呢？向哪里寻求回归女性的道路呢？再向哪里寻求幸福的婚姻呢？

我不惜钱财，上了很多西方泊来的心灵课、幸福课，结果都是课上明白，课下迷茫，后来终于悟透：面对纷繁复杂的生活，术的东西注定依然会让人手足无措。绝望之际，上官逸飞小姐把我带到王凤仪先生的女学道上，让我明白女人有女人道，女人的不幸福源自女人偏离了道，想要幸福，唯一的途径是回归本位，守住女人的道。

那么女人道到底是什么呢？女人一生三个阶段有不同的道。做姑娘时要守姑娘道：姑娘性如棉，多干活少花钱；做媳妇时要守媳妇道：媳妇性如水，多干活少撅嘴；做婆婆时要合婆婆道：婆婆性如灰，家政一旁推，常提全家好，温暖众人心。男人是天，女人是地。女人太强，就如同翻天覆地，令天不清地不宁，孩子慌乱，家庭混战，最终，两败俱伤，殃及孩子。

一个能守住女人道的女人才是真正能把握住幸福人生的女人，一个能真正踏踏实实行女人之道的女人，才算是涵养女德的女人。清末圣人王凤仪把女人需要涵养的女德清清楚楚界定下来：用温良恭俭让五种美德化掉怨恨恼怒烦；用仁义礼智信五种慧根化掉贪嗔痴慢疑。女人在家还要勤劳工苦做培福德，矮和随顺颐养心性。

女人道，乍听起来，有些回到解放前的恍惚之感。如果是 20 岁的如花岁月，如果没有经历人生的坎坷历练，如果不是阅尽了女强人的悲欢，我可能以一句腐朽报以嘲笑，而与幸福擦肩而过。正所谓“物不经寒暑必不坚凝，人不历酸辛必不谙练”，感恩生活带给我的磨炼，让我在酸辛之后，学会内省、学会观察生活。因为事业的性质，我也算是阅人无数，对那些优秀的、堪称卓越的女性见得多，私交也深厚。我盘点了一下近百位优秀女性的生活家庭事业，发现越是美丽的、有才华的、有财富的女人生活越是残缺，而那份残缺，几乎百分之九十九是女人一手造成的。傲慢、自我、孤芳自赏、唯我独尊、享受给予不懂付出、自私自利、放大爱情、忽视婚姻里的责任与承诺……女能人、女强人不知不觉会患上以上毛病。而有德的女人我身边也有几位，回头看看，做女儿时，这些女子多数其貌不扬，但是朴实本分，女德涵养源自家教传统，婚后生活柴米油盐看似平淡无奇，数十年过去，却发现他们的婚姻美满而稳定，家庭幸福而和谐，令失婚的、非婚的、纠结于婚姻中的所谓“卓越女性”们打心底里羡慕，而我也是其中一位。

于是，我决心从改变自己的观念与行为做起，从修正自己的习气做起，历时三年多，我完成了脱胎换骨般的蜕变。

我的修炼三部曲：第一，修炼自我；第二，修炼婚姻；第三，修炼团队。

修炼自我是个核心，我是一切的根源。只有把内心修炼得祥和宁静，外面的事物才会随顺成功。人生经历的一切坎坷，都是内心的波澜的外在呈现。

自我的修炼到目前为止我只用了三个步骤，但是贵在坚持，一千多个日夜，时时刻刻警醒。

第一步，学会观念头。观照自己对每一时每一事的起心动念是否纯粹、无染着。看破念头背后的贪嗔痴慢、怨恨恼怒，烦恼瞬间湮灭。时间久了，杂念不起，内心越来越清静，清静生喜悦，喜悦生祥和，祥和带来人生好运。

第二步，早晚一炷香。我们家有一间禅堂，我坚持每天清晨上一炷感恩香，感恩宇宙的赐予，天地的赐予，感恩父母给予我生命，感恩亲

人给予我爱，感恩“大当家的”给我一个温暖的家，感恩孩子让我重新成长，感恩一切有情众生。晚上一炷自省香，检省一天中的不当言行与起心动念中的不当缘起。早上的感恩香，令我感到自己非常非常富足，一天都很丰盛，从而有足够的能力去付出和给予；晚上的自省香，帮我清理当天的垃圾，心中平静干净地进入梦乡。

第三步，遵从圣贤教诲，老老实实涵养女德。王凤仪老善人教育我们女子要勤劳工苦作，我就满心欢喜地洒扫厅房、洗衣做饭，简单生活，勤奋工作；孔圣人教导我们要温良恭俭让，我就以一颗温和善良的心恭敬谦让于人、事、物，并且不再奢侈消费，俭以养德，俭以辟祸。《易经》教导我们学习坤德，我就以大地为师，学习厚德载物；老子用《道德经》教育我们要“上善若水”，我就向流水学习“善利万物而不争”，“处众人之所恶”，“夫唯不争，故无尤”。

内在的小宇宙刚刚有了向善向上的自觉意识，刚强的个性就如水一样开始融化，上天默默地给我派来了一位修行的伴侣。三年来我们一起修行，突破了情感路上的诸多迷障：怀疑与信任、金钱的独立与共融、付出与回报、家族关系的协调、权利的分配、生活习惯的磨合、价值观的统一与包容等等，一关又一关携手闯过。如今的我们虽然还会遇到新的分歧，但是，基础已经很扎实。恩与爱不曾停留在嘴上，而是在漫长的岁月里用无条件的爱去真心成就对方，那份心中的笃定与安定令人十分富足与感恩。

修行的路上伴随着快乐也有诸多考验，修掉身上固有的习气与知见就如同砍掉树木的枝桠一般，必定要有阵痛。趋乐避苦是人性的自然反应，所以，修行的路上与谁同行非常重要。感恩北大政商国学班的同窗；感恩国学成就者陈大惠、上官逸飞、寂静法师、陈阳、了凡、贾海珍、贾海旺、陈静瑜的指引；感恩近百位同修一路相扶相携、向上向善互相照耀；感恩女学社的所有社员用她们的实修证实了“古法泡制”

涵养女德的幸福成果，用大量的事实证明了无论遇到多么大的难题，只要用对方法，调治身心，都能化烦恼为菩提，获得把握幸福、创造幸福的智慧。

祝愿天下女子都能有机会涵养女德，幸福一生。

陈艺文

目 录

推荐序 学习中华女德之盛典促进家庭社会之和谐 …………… 1
阴阳和合、天下太平 …………………………………… 5
涵养女德幸福一生 ……………………………………… 7
涵养女德真的能获得幸福吗 ………………………… 10

第一篇 一颗闪耀人伦之光的璀璨明珠——孝
你知道孝吗 ……………………………………………… 1
百依百顺不是孝 ………………………………………… 8
“孝”让老人安享晚年……………………………………… 14
宣传让孝走近大众 ……………………………………… 20
弘孝道切莫只说不干 …………………………………… 25

第二篇 学习女德 养护身心
气血不畅的原因是什么 ………………………………… 35
阴柔奏出女性最强音 …………………………………… 41
真正的安静来自于内心 ………………………………… 50
控制自己的欲望 ………………………………………… 60
如何生养出一个健康的宝宝 …………………………… 66

第三篇　传统文化理念拯救家庭

父母离婚给我带来了什么 …… 72
我终于读懂了"孝顺"的含义 …… 77
在掉下深渊的那一刻 …… 83

第四篇　幸福源于对自身的定位

家教是成长的启明灯 …… 90
女人最关键的品质是什么 …… 96
要注重修养自己的德行 …… 101
女强人如何协调家庭和事业 …… 111
怎样教导孩子更有效 …… 116
德行教育的前提是什么 …… 124

第五篇　圣贤教育打造幸福生活

一味地攀比是一种肤浅 …… 135
传统文化让孩子受益匪浅 …… 138
打造恩爱夫妻的秘籍 …… 144
怎样做亿万富翁的妻子 …… 150

第六篇　充满智慧的人生才美丽

从女儿到儿媳的角色转换 …… 159
有智慧的妻子更幸福 …… 165
我是如何做好儿媳的 …… 178
把员工当作自己的孩子 …… 185
慈柔的心怀是女人的必备品 …… 191

第七篇 学习传统文化，做当代孟母

教育孩子的出发点在哪儿 …………………………… 199

当前素质教育的根本是什么 ……………………… 205

圣贤是可以教出来的 ……………………………… 230

第八篇 盘古女学社里女人们的故事

1. 看上去很美的“假女人” ………………………… 234

2. 不敢去爱的“怯女人” …………………………… 237

3. 执着追爱的真性情女人 ………………………… 239

4. 勇于“破冰”的“铁女人”………………………… 242

第一篇

一颗闪耀人伦之光的璀璨明珠——孝

李宝库老师：男，1945 年 4 月生，河南人，大学学历。曾先后在中共河南省郑州组织部、河南省委组织部、中共中央组织部研究室工作。中国老龄事业发展基金会理事长、前民政部副部长、全国老龄委主任。

晚清一位著名的大臣曾国藩曾经说过："读尽天下书，无非一个孝字。"我认为"孝"是我们民族的传统美德，是人文道德的基石，是中华文化的瑰宝。在中华民族 5000 年的历史长河中，它始终闪耀着特有的光芒。

你知道孝吗

"孝"是人类万古长存的美德。普天之下、古往今来，人人都是

父母所生、父母所养，父母对于儿女有着一种无与伦比的慈爱，为了儿女他们甘受千辛万苦乃至献出自己的生命。父母生我养我、照顾我、教育我，父母的恩德无以言表。山东曲阜孔庙有一篇《劝孝良言》把父母对儿女的爱描写的十分逼真。

“十月怀胎娘遭难，坐不稳来睡不安，一时临盆将儿产，儿落地时娘落胆，好似钢刀刺心肝，把屎把尿勤使唤，脚不停来手不闲，倘若疾病请医看，情愿替儿把病担，三年哺乳苦受遍，七岁八岁送学馆，教人发奋读圣贤，冬穿棉衣夏穿单，倘若逃学不发奋，先生打儿娘心酸。”

以前孩子上学的时候，老师手里都有一把戒尺，孩子不好好读书，老师拿就尺子打手心。如今妈妈送孩子上学的时候，总是会对老师说：“老师，孩子要好好管教，如果不听话，你就打”，但是真打起来，娘心酸。为儿为女把帐欠，倘若出门娘挂念，梦魂都在儿身边，千辛万苦都受遍。所以这个《劝孝良言》写得非常好。

有一位老同志他的母亲去世了，他写了一篇回忆的文章登在《中国老年报》上，文章不长，但是很感人。他小的时候家里穷，买不起钟表，所以每天上学都要到隔壁的店铺看一看几点钟，看来看去店老板不满意了，嫌麻烦，有一次说话就很难听：“你要想看，自己买一个表回家好好看，每天到我这儿来看，多讨厌。”这孩子听了以后，回去给妈妈讲，妈妈说：“儿啊，咱人穷志不穷，人家不让看算了，以后妈妈给你报时，妈妈给你当钟表，告诉你什么时候上课。”后来，上中学的时候要上早自习，他的妈妈夜里就不敢睡踏实，老要起来看一看天上的星星走到什么地方了，要听一听鸡叫几遍了，让自己的孩子早上起来。但是有一年冬天的一个早晨，天上没有星星，阴云密布，也没有听到鸡叫。所以妈妈沉不住气了，把孩子叫起来，吃了点饭，背个小书包就到学校去了，到校门口一看大门紧闭，传达室里传来两声钟响，来的太早，进不去，回去吧，来回折腾。穷人家的孩子衣服单薄，怎么办？就在校门口跑步，一直跑到早晨五六点钟，学校开门才进去。放学回家给妈妈讲了这个过程，妈妈抱着他流下了眼泪，第二天这个孩子回家看到家里的桌子上放了一个崭新的小闹钟，他的母亲脸色苍白，躺在床上，小妹妹说：“妈妈卖了血，买了这个小闹钟。”

在2008年四川汶川大地震中，一位母亲用自己的身体保护婴儿的故事催人泪下。在意大利庞贝古城，被火山覆盖的房屋被发掘以后，人们发现母亲保护婴儿的姿势都是一样的：把孩子抱在怀里，母亲用自己的臂膀，用自己的身躯保护着自己的孩子。在日本札幌，有个4岁的男孩从楼上掉下来，他的妈妈正在楼下晒衣服，看到这种情况以惊人的速度跑过去把孩子接住，母亲奔跑的速度达到了9.65米/秒，连当时的专业运动员也达不到。母爱产生了奇迹。

湖北有一位“暴走妈妈”叫陈玉蓉，为了捐肝救子，坚持暴走7个月，走破了四双鞋，消除了脂肪肝，捐肝成功，成为感动中国的十大人物。

这就是母亲，这就是母爱，母亲的伟大在于母爱，母爱的伟大在于无私，在于对儿女的无私的奉献。

实际上，母亲是我们最亲的亲人，孩子是母亲身上掉下来的肉。我们高兴的时候，我们痛苦的时候，都是母亲陪伴在我们身边，正是因为父母对儿女这牵肠挂肚、舍身忘死的爱，所以儿女从小就对父母有一种依恋的感觉，长大之后想着要回报父母的恩德，这种知恩、感恩、报恩就是孝。

“孝”字最早见于殷墟出土的甲骨文，上面是一个“老”字，下面是一个儿子的“子”字，后来在书写过程中省去“老”字的下半部，上面是“老”字的头，下面是儿子的子，先有老子后有儿子，老子在上儿子在下，这就是“孝”字的构成，“孝”字的构成是一个会意字，《说文解字》上说“孝即善事父母者，从老省，从子承老也”。

对“孝”字的构成，我还有一个解释，孩子小的时候父母在上面呵护着他，怕风吹、怕日晒、怕雨淋，孩子长大了父母也衰老了，孩子就在下面背着父母。总之“孝”字的构成体现着父慈子孝，人间的亲情。

这种亲情回报的情感提升到理论的高度是在什么时候呢？是在两千多年，孔子和孟子将“孝”发展成了系统的理论。孔子论孝，重点是三点：养，敬，谏諍。

养就是让父母吃饱穿暖，敬就是在人格上尊敬父母。孔子认为光养不敬和饲养犬马没什么区别。你光养，光让他吃饱穿暖，你在人格上不尊敬他，和你养一只狗、一匹马有什么区别呢？所以从这个意义上讲孝也是人和动物的一个根本区别。

最重要的是孔夫子提出了“谏諍”，左边是一个言字旁，右边是一个增去掉土字旁。什么意思呢？父母有了错误，做儿女的要提出批评，但要讲究方式方法。唯命是从并不是孝，孔夫子他不是讲孝顺而是讲孝敬。父亲做的对我要顺着，父亲做的不对，特别是原则性的问题，你还顺着他，就不算是真正爱你的父亲。你应该告诉他不能这样做。

孟子在孔子提出的“养、敬、谏諍”的基础上进一步完善了孝的理论。孔子、孟子善于发现总结人性的真善美，使他们成为人间圣贤。

综上所述，孝是人世间高尚的情感，本质是爱，有爱就有孝，它的表达方式是感恩，是亲情回报，它的作用是完善人的品格，提升人的思想境界，在家庭和社会中追求人居环境的和谐。可以毫不夸张地说，孝是一个永远闪耀着人文道德的璀璨明珠，是我们中华民族的珍宝。

汉代的士大夫认为孝被捧得太高了，荒谬地提出来“三纲”，把孝踩到地下，这是对孝本意的歪曲，是强加在纯真的孝之上的尘埃。因此，我认为孝的本意是好的、纯净的，是人类万古长存的美德。我们应当正本清源，还孝以本来面目，理直气壮地加以提倡。

为什么要理直气壮地提倡呢？我们原来担心的就是愚孝，后来我们清楚了，2500年前孔夫子在《孝经》里面就提出了“唯父之命是从不是孝，百依百顺不是孝。”孔夫子是反对愚孝的，所以我们要正本清源，要回到孔孟的孝道观，它的核心第一是养、第二是敬，第三是谏諍。这在两千多年前是正确的，在现在是正确的，我认为就是在将来也是正确的。

有一种观点认为孝是农业社会的产物，随着社会的变迁，孝应该被日渐削弱，甚至孝的淡化成了社会进步的标志。我也看到一位专家在他写的文章中说到“孝的淡化是社会进步的标志”。我不赞成这个观点，我认为以家庭为单位的孝，在农业社会中的确起到过协调家庭关系、组织农业生产的作用，但是到了工业社会呢？到了信息社会呢？到了现代社会呢？在农业社会的时候，土地是老一辈传下来的生产资料，生产经验是老人交给年轻一代的，所以孝在维护家庭的稳定、推动农业生产发展中的确起到过促进作用。

但是到了现代社会，土地不是私人的了，也不是老爷爷留下来的。种地要科学种田，年纪越大越不懂得科学种田。按照这个逻辑，孝道确实应该淡化了。但是，我们社会进步了，物质丰富了，人的觉悟提高了，我们反而不把我们的父母当一回事了，这个社会是前进还是退步了呢？说不通了。孝是父母爱子的天性和养育之恩决定的，而不是其他。所以只要地球上还有人类，只要人类还是父母所生，父母所养，孝就不应该消亡。今后随着物质的不断丰富和人的素质的不断提高，我们只能是更有条件把孝做得好上加好，而没有任何理由来削弱它。

当然了，随着时代的前进，孝的形式也要与时俱进。过去是农业社会时代，做孩子的在父母老了以后不要抛弃父母，要赡养父母。现在呢，交通方便了，信息灵便了，我们强调好儿女志在四方，但是要常回家看看。在老年人基本生活有了保障的时候，精神慰籍就更加重要了，老年人对天伦之乐的需求是其他任何东西都不能替代的，于是“敬”成了“孝”的侧重点。

所以我想我们的社会保障制度、养老制度再完善，我们各个单位的老干部工作做得再好，也代替不了儿女孝顺。孝的形式可以改变，孝的本质不可能也不应该改变。我们在建设社会主义精神文明的过程中，世界各国人民创造的优秀文化都要拿来为我们所用，对我们老祖宗所创造的孝的传统美德，我们就更应当倍加珍惜。

在这点上，胡锦涛总书记和温家宝总理都给我们做出了榜样。胡锦涛总书记2008年元旦的时候，去天津一家养老院看望老年人，他说：“要大力弘扬中华民族尊老、敬老的传统美德，让所有的老年人都能够安享幸福的晚年。”温总理逢年过节都要去看望老科学家、老教授。他在访问澳大利亚的时候，给当地的华人介绍中国的情况，看到在座的有很多白头发的老年人，温总理就说：“65岁以上的请举手！”后来叫老年人坐着听他讲话，他随行的部长站在那里，老年人坐着，随行的官员站着，这在海外传为佳话。

2007年11月17日，一篇名为《弘扬孝道，建设和谐》的文章刊登在党报上，第一次把孝道推到全国人民面前。2008年国家决定清明节放假3天，让人民群众纪念祖宗、追念先烈、感恩怀念逝去的父母，受到人民群众由衷欢迎。这一举措对弘扬民族文化、传承中华孝道有着十分重要的意义。

百依百顺不是孝

孝文化起源于何时呢？我认为起源于原始社会父系氏族时期。我去看了黄帝故里，解说员跟我说从黄帝到现在已经有五千年的历史了，所以我就想它和父系社会应该是同时期的。我通过学习恩格斯的著作，认为孝文化的产生起源于父系社会。在这之前的母系社会，人们只知其母不知其父，那时没有家庭。到了父系社会，由于生产力的发展，男子所从事的农业起到的作用不断上升，男性地位上升，父系社会代替了母系社会。有父有母然后为家，父母所生的孩子就是兄弟姐妹，然后才有了父慈子孝、兄友弟恭的亲情关系，这个亲情有本身的道德意识，从而产生了孝的观念和孝的文化。这个观念在恩格斯著的《家庭、私有制和国家的起源》一书中有记载。

大家知道舜是父系社会部落的联合首领，《二十四孝》的故事中就有讲舜的故事，舜小的时候他母亲死了，父亲又为他找了个后母，后母又生了个弟弟，他后母对他很不好，有一次让他上屋顶修房，舜上了房之后，继母把梯子撤了，把房子点着，想把他烧死。舜很聪明地拿了两个斗笠从房顶上跳下来没有烧死。后来后母又让他修井，有了前一次的教训，舜给井打了一个侧口，当他下到井里之后，见继母想把他埋到井里，便从侧口逃出去了。舜知道在家里呆不住了，就离开了家。后来遇到了灾年，舜的父亲眼睛瞎了，他后母挑着柴到城市里面去换米，但每次都碰到一个青年给他米但是不要她的柴，舜的的母回来就给他的父亲说，他的父亲说："这个人是不是我的儿子啊？你带我去，咱们到那个地方去看一看。"于是他后母就带着他的父亲来到集市上，刚好舜也在集市，舜的父亲听出了儿子的声音，父子二人抱头痛哭，舜的后母也改正了自己的态度，舜回到家中，一家人终于又生活在了一起。

尧听到这个故事之后认为舜品德高尚，是个大孝子，先是把两个女儿嫁给他，后来又考察他有没有治国安邦的才能，认定舜是一个有德有才之人，就把帝位也让给他。可见当时人们对孝就是多么的重视。

《孝经》是孝上升到理论高度的标志。孔子和他的弟子曾子著《孝经》，对孝做了系统的论述。《孝经》一共 18 章，1900 多字，书中孔子对孝进行了全面、深刻、精彩地论述。有 8 个观点我认为至今仍有着重要的现实意义。我用几个月的时间认真学习研究了《孝经》，我把我的心得总结为以下八个观点：

一、孝是所有德行的根本，一切教化都是在此基础上产生的。孔夫子说："夫孝，德之本也，教之生也。"开始的时候是侍奉自己的父母，进而为国家尽忠，最后实现自己的理想抱负。几千年来孝道一直是中华的传统美德，时至今日，我们提倡的尊老爱幼、热爱祖国、胸怀伟大的理想使传统孝道得到了发展。

二、人人都应尽孝，但侧重有所不同。孔子认为他所提倡的孝道是面向每一个人的，孝道面前人人平等，孝道面前人人有责，行

孝不分尊卑贵贱。只不过不同的人行孝的侧重点有所不同。因此，在《孝经》里面孔子对天子之孝、诸侯之孝、大夫之孝、士子之孝、庶人之孝进行了论述。按照我们现在的说法就是分类指导。孝道既是一种品德，也是一种责任，对不同身份地位的人提出不同的尽孝的要求是有道理的，这是因为地位越高，影响越大，责任越重。

大家想一想，如果我们是一个普通的老百姓，行孝的要求就是照顾好自己的父母以及爷爷奶奶、外公外婆就可以了。但是假如是一个村民委员会的主任呢，你要把全村的人都带领到尽孝的位置。你要是一个县长、一个省长、一个总理呢？所以说不同的人有不同的孝，地位越高责任就越重。

三、实行孝道是天经地义的事情。孔夫子认为孝是天经地义的事情，他说日月星辰运行于天，春夏秋冬四时循环，是天地间不变的法则，那么在人世间与天地规律相应不变的法则是什么呢？人都是父母所生、父母所养，儿女感恩和善待父母的孝道，就是符合天地运行规律的道德行为，天经地义，必须这样做。

四、在家庭和社会中都做好才是孝。孔夫子在《孝经》里面对一个孝子在家庭中、在日常生活中如何无微不至地照顾父母都有论述，然后提出来不光在家里，在社会上也要为下不乱，在丑不争。就是说一个对父母行孝的人，在位居官不能骄奢淫逸，在社会上不能为非作歹，在人群中不能计较争斗，不然的话，就会给父母带来麻烦和灾难，否则无论在家里多么孝顺也不能算是真正的孝子。

现在我们经常在报纸上看到哪个地方又出来一个贪官被双规了、被判刑了，很多都是领导干部。我想他在家里，可能也很孝顺父母，给父母买房子买车雇保姆，很可能做得很好。但是在外居官他骄奢淫逸、违法乱纪，最后身败名裂、锒铛入狱，他让他的父母如何能够安度晚年呢？他这是孝吗？不是真孝。在家里做得好，在外面也做得好，两个加起来才是真孝子。

五、广行孝道要讲究礼节。孝是人的内在素养。外在形式要反映在礼节上，所以我们看一个人言行举止是否彬彬有礼，待人接物是否谦虚热情，就可以看出他的孝。走在路上，有的人横着走路，说话非常傲慢无礼，这样的人懂得孝吗？这就是无孝的人。所以孔子说如果有人敬爱自己的父亲，做儿子的一定感到喜悦；有人敬爱自己的兄长，做弟弟的应该感到喜悦；有人敬爱自己的国王，做臣民的应该感到喜悦。敬爱的人多，喜悦的人多，就是以崇敬之心尊重每一个人的礼节，就是在广行孝道中所要采用的最有效最重要的方法。

所以我认为一个人有没有礼貌，既是品德高尚的表现，也是智慧聪明的表现。首先你品德高，你才有礼貌，才有礼节，这同时也是聪明智慧的表现，你尊重他的父亲，儿子高兴；尊重他的哥哥，弟弟高兴；尊重他的国家领导人，全国人们都喜欢你，这样的事为什么不做呢？为什么要表现得傲慢无礼呢，那是蠢的表现。

六、君子教化人民，要体现孝道。孔夫子说君子以自己的日常孝行感化人，通过言传身教给民众做表率，身教重于言教。

七、君子在家遵循孝道，才能在外建功立业。孔夫子说君子能够孝就能够忠君，能敬兄就能尊长，就能理家，就能够做官，所以做大事要从修养自己的品德开始，先修身齐家，然后才能治国平

天下。

八、一味顺从并不是孝。孝要讲谏諍，曾子说对父亲唯命是从就是孝，孔夫子说这是什么话？孔子接着说，做父亲的要有个谏諍的儿子，父亲如果有不当之事，而应该真诚相劝。这一章我认为是非常重要的。说明在2500多年前，我们的先祖就已经认识到一味顺从、百依百顺、愚忠愚孝是不对的，这是非常了不得的。总之《孝经》是一本非常好的书，希望同志们有时间好好地读一下这本书。我写过一篇文章说《孝经》是一部需要精心开发的人伦宝藏。

其实我国封建社会时期，对孝是极其看重的，汉代以后的历朝历代都把孝放在极高的位置，唐玄宗亲自注释《孝经》，亲手书写《孝经》，刻到碑上，立到太学里面。到清朝也是如此，雍正皇帝规定考试要用《孝经》的内容出题，乾隆皇帝孝宴规模达到3000人，不孝罪名属于十恶不赦的罪名。

在《百家姓》《三字经》《千字文》《弟子规》，改良《女儿经》《增广贤文》《朱子治家格言》以及地方戏曲、民歌民调中，到处都渗透着孝。我们到农村的时候，看到一个字不认识的放羊老汉，什么字也不会写，但是你问他什么是孝，他知道，因为他听说书人讲过，看过演戏的人表演过。特别是元朝编的《二十四孝》更是家喻户晓。但封建社会统治者为了巩固政权，把孝扭屈成了愚孝，这是孝的糟粕，是对孔孟孝道观的歪曲。我们要弃其糟粕，取其精华。

那么愚忠愚孝起于何时？起于汉朝，汉朝的时候汉高祖刘邦非常重视孝道，汉朝从第二位皇帝惠帝开始，所有皇帝去世以后的谥号都有孝字；汉武帝刘彻为了加强中央集权，采纳了大儒董仲舒的建议，罢黜百家，独尊儒术，把孝摆在了重要位置。到了东汉，皇帝和他的臣子研究经学方面的问题，然后由班固来执笔写出了一本书，把三纲列了进去，原来是君臣、父子、夫妻平等的关系，到了这个时候成为了不平等的关系。到了宋朝的时候已经发展到了“君叫臣死，臣不能不死，君叫臣亡，臣不能不亡”的地步，大家知道岳飞是大忠臣，岳母刺字“精忠报国”，后来秦桧以“莫须有”的罪名陷害岳飞时，岳飞没有去谏諍，为什么？因为君叫臣死臣不能不死，如果他不死就表示对君的不忠，于是岳飞束手就死了。岳飞死了以后，历代的人们为岳飞抱屈，在西子湖畔建了岳王庙来纪念他，而把秦桧夫妇铸成塑像供人辱骂。

1911 年发生了辛亥革命，建立中华民国，孙中山先生对孝是什么态度呢？孙中山先生说：“国家讲伦理道德，才能长治久安，道德不能没有孝。”1919 年 5 月 4 日爆发了伟大的“五四”爱国运动，“五四”功绩标注史册，但是也有不足的地方，就是它把孝也批判了，这就叫“矫枉过正”。当代哲学大家任继愈老先生谈孝的时候说“五四”以来有些学者没有正确地对待孝的现象和行为，出于反对封建思想的目的把孝说成是历史封建。到了“文化大革命”，极“左”思潮泛滥，更是把孝说得一无是处，一天到晚喊口号就是“孔孟之道，孝子贤孙，打倒在地，再踩上一只脚，永世不得翻身”。彻底把我们中国的孝道观给搞乱了，从 1919 年到 2007 年《人民日报》正式登出《弘扬孝道，共建和谐》，中间经历了 88 年，88 年有四代人，我们有四代人没有正规地学习孝。虽然我们是孝道的发源地，但是我们对孝道的实践和认识走了弯路。

相反港澳台地区，以及韩国、日本、新加坡、马来西亚这些国家对孝道的传承认识和实践比我们好，因为他们没有走过弯路。所以我想我们现在为什么要大讲孝道呢？就是我们孝道缺失，“五四”以来一系列的矫枉过正，“文化大革命”彻底否定，在市场经济条件下，一些人重利轻义，有些人盲目地学习西方，就这四条原因。让孝的文化离我我们越来越远。

纵观孝道传承的历史，使我们认识到把孝捧到天上，以孝治天下，或者踩到地下，认为孝是罪恶之源都是偏激的，孝应该回归到公民道德教育的基础上。孔夫子在2500年前对孝的定位是非常准确的，孝就是道德的根本，是道德教育的根本。所以我们今天来讲女德，也要首先讲孝道。因为孝是一切伦理道德的根本。社会功德、职业道德、家庭美德、个人品德，我们现在讲的“德”包括这四个方面，这四个方面的根本就在于孝，如果连自己的父母都不孝顺，别的一切功德、一切道德就失去了基础，全是空谈。所以孝是道德之根本。

“孝”让老人安享晚年

在我们建设自强民主文明的和谐社会过程中，人们惊喜地发现，我们对孝的需求是越来越迫切。如果把我们的祖国比做一棵参天大树，富强是根，民主是干，文明是花朵，和谐就是花发出来的芳香。那么要使文明之花长盛不衰，关键就是提高人民的道德素质，就要大力弘扬我们的国粹——中华孝道。我们的老年人需要孝，从1999年开始，我们国家已经进入老龄化的社会。国际上老龄化的标准是60岁以上的老年人达到10%，65岁以上老年人达到7%，就是老龄化的社会。我们国家从1978年改革开放，1999年已经达到了老龄化社会的标准。外国用80~100年的时间进入老龄化的社会，我们只用了20多年就进入了老龄化社会，现在我们的老年人是1.67亿，占总人口的12.5%，而且每年以3.3%的速度在增长，到2020年将达到17%，到2050年将达到31%。每3人当中就有一位老年人，现在我们中国是世界上老年人最多的国家，中国的老年人占全世界老年人的1/5。

在老龄化的社会里面，对老年人的年龄歧视是一个大问题。因此在联合国召开的世界老龄大会上提出“社会不分年龄、人人共享”的观点。在家庭中由于法治观念淡薄的原因，一些不孝子孙不但不尽孝养老人的义务，反而抢夺老人的财产，干涉老人的婚姻，侵犯老人的合法权益。从全国来看，老年人因为孤独、疾病、受虐等原因而自杀的事件不断出现。城市里面老年人有他的退休金，子女不孝他还可以维持生活，但农村，以土地为基础，以家庭为单位的养老条件下，当老年人失去劳动能力以后，如果子女不孝，老年人就没有活路了。

农村的老年人很多人不懂得用法律保护自己，又无法和自己的儿女达成协议，于是自杀就成了他们无奈的也是最后的抗争。黑龙

江人大代表翟玉河在2005年做了一个调查，调查的结论是“孝道传承在农村出了问题”，农村52%的人对父母麻木不仁，农村里面吃的最差、穿的最差、住的最差的是老年人。在农村有两种旧观念影响着老年人维权：一种老年人在家里受了气，到外面不愿意说。这是一种什么观念呢？家丑不可外扬，家里的事情不好意思说给外人听。另外一个观点就是清官难断家务事。这一家对父母不好，村干部明明知道也不去管，为什么呢？这是人家家庭的事，清官说不清，清官难断，他就不管。一个不愿意说，一个不愿意管，最后就发生了悲剧。

所以说这些情况应当引起我们高度的重视，我看今天来的都是妇联的，妇联要解决家庭的问题，要为老年人说话。我们要维护老年人的合法权益。

所以我想大力弘扬中华民族的孝道，对我们老年人来说特别需要。我们现在国家正在建立中国特色的养老保障体系，我认为建立中国特色的养老保障体系应从以下几方面入手。

第一，发展生产。我们建国60周年，改革开放30年，我们的财力有了极大的增长，当然还要继续发展，为我们的保障提供更好的基础。第二，完善制度。城乡社会养老保障制度要不断的完善，合理分配养老资金。第三，很重要必不可少的就是弘扬中华民族的传统美德——孝道。让每一个家庭、每一个子女都负起责任来，这是建立中国特色养老保障体系的道德保障。我想有了这三条我们中国的养老问题一定可以解决的很好。

我们的儿童需要孝，大家知道现在我们搞计划生育的国策，很多家庭只有一个孩子，爷爷奶奶、外公外婆，一对夫妇一个小孩，“421”成了最普通的家庭模式。由于隔代更爱这样的情况，6个大人管一个孩子，大人如果再不注意一点，就容易把我们的孩子惯坏了，所以现在很多独生子女只懂得接受爱，不懂得感恩，不懂得回报，也不懂得孝道。这个事情不能怪孩子们，是我们大人的过错。我们的学校、我们的社会、我们的家庭要教会他们懂得感恩，懂得孝道。

有一次凌孜大姐给我讲过一件事情，她在飞机上看到一位大学生和他的妈妈在飞机上，他妈妈看到飞机上空调比较凉，怕孩子着凉，让他把褂子穿上，给孩子说了十几遍，孩了就不听，回过头来还说他的妈妈，你不要再说了，再说了我就骂你，你连普通话都不会说，多难听。大庭广众之下一位大学生就这样跟他的妈妈说话，所以你想这个孩子多可悲！他不懂得感恩，也不知道孝道，他不知道这样做是丢人的。但是回过头来我们要说这位母亲，在他小的时候，你教会他孝道了吗？我想从小母亲对他一定是宠爱有加、百依百顺，使孩子上了大学也不懂得孝道，母亲也有责任。所以我到大学里面给学生们做报告，我说你们一定要有感恩之心、敬畏之心、进取之心，有感恩之心才有道德良心，有敬畏之心才不敢胡作非为。有些孩子在家里宠的谁都不怕，到了学校以后，还是什么都不怕，结果犯罪了，书还没念完，就进了监狱了。关上几年再出来，当然还可以重新做人，但是你的人生就受了很大的影响。“三心”之中感恩之心是基础，大自然给了我们生存的条件，父母生养了我们，老师教育了我们，党和国家培养了我们，我们都应当感恩。

有一个故事，叫“感恩父母”，说有一位商人发了财，很喜欢结交有学问的人，请他们到家里来谈天说地，向人家学习，非常有礼貌，非常热情。但商人对他的母亲却很没礼貌，经常当着别人的面顶撞他母亲。别人劝他，他也不改，母亲遇到这种情况也不吭气，默默地走开。有一次山上来了一位高僧，很多人都去向他求学，这位商人听到以后也去了，他去以前这位老和尚已经知道了他的情况，这位商人一见到老和尚，就说：“老师傅，请求你让我开悟。”这位老和尚说：“开悟之道就在自己家中，无需外求。”商人说：“请你再多给我解释一下。”老和尚说：“你现在马上回家，看到一位衣服穿反，鞋子穿错，神情恍惚的妇人你就明白了。”这位商人回家，正是晚上，他就敲门回家，由于他平时对妈妈就不好，晚上他妈妈一听是儿子回来了，急于给儿子开门，又怕去慢了，儿子生气，慌忙之中鞋子穿错、衣服穿反，一脸的慌乱。这位商人一看跟老和尚说的一样，他明白了，明白了一个什么道理呢？“慈母是佛”。我的妈妈就是佛呀！从此以后他侍母至孝。

生活中有这样的事情，特别是一些孩子，妈妈对他最好，他越是不听，可能孩子生长过程中都有一个逆反期，越是对他亲的，他越是不讲礼貌。另外老的爱小的是本能，小的爱老的却不是本能，而是觉悟。我们想一想，父母爱孩子还用教吗？爷爷奶奶爱孙子更不用教了。我们现在在全国评孝子，却没有评模范的爷爷奶奶，因为他本来就够模范了，都模范过头了。“人之初，性本善，性相近，习相远，苟不教，性乃迁。”人有善心，必须靠教育，才能把人性中的善这部分给教出来。所以我们现在讲，教育的教怎么写？左边是一个孝，右边是一个反文，先学孝道，再学文化，德才兼备才称之为“教”，我学孝经的时候还是从孔夫子那里得到了开悟，他老人家告诉我，孝是一切伦理的根本，教就是从这儿开始的。大家想想古今中外的教育，德是第一位，知识是第二位，我们写字先写左边后写右边。教字也是一个会意字，左边是讲的德，右边讲的是学文化、学知识。那么学德为什么不写别的呢，写一个孝呢？孔夫子说了德的根基就是孝，品德里面孝最重要，教育就是从这儿开始的。

所以我们现在幼儿园或者小学一年级的孩子你给他讲“五讲四美三热爱”，他一下子不能接受，先从孝顺父母开始，循序渐进，这样子是对的。孝与不孝全在一颗心，这颗心和教育程度有关，和受教育有关。我们有的生了双胞胎，这个孩子早生出来几分钟他就是哥哥，那个孩子晚生出来几分钟他就是弟弟。大人就说你是哥哥他是弟弟，哥哥要让着弟弟，弟弟要听哥哥的话，这就是悌的教育，教育的结果使得哥哥越来越像哥哥，弟弟越来越像弟弟。所以教育非常非常重要，所以我给大学生说，当你们能够做到知道自觉地孝敬父母，就说明你有觉悟了，你的人格已经升华了，当你不但能孝敬自己的父母，而且能够敬爱别人父母的时候，你的人格就又提升了一层，好好孝敬父母吧，你们的成功之路应该从这里启程。

现在搞市场经济也需要孝，市场经济需要诚信。诚信和孝道是相通的，诚信就是要在获得价值的同时做到童叟无欺。孝道是对父母养育之恩的真诚回报，一个真正在父母面前能够尽孝的人在市场经济中一般是不会做假的。在国民中进行孝道宣传的教育，对形成诚信的市场氛围，促进市场经济的健康发展也是有好处的。

综上所述孝道是提升人的思想境界，建立和谐家庭、和谐社会、和谐环境不可缺少的一剂良药，我们应当十分珍视，好好地运用。

宣传让孝走近大众

孝道它是从心里发出来的，靠强迫命令不行，所以宣传、教育非常重要。元朝编撰的《二十四孝》600 多年来影响极大、家喻户晓。《二十四孝》里面的确有一些愚孝的成分，但是我想它的精神还是可以学习和发扬的。从总体上讲，我认为《二十四孝》在宣传我们中华孝道的过程中可谓功不可没。

大家知道苏州有一个寒山寺，建寺 300 年，默默无闻，自从唐朝张继写了一首诗《枫桥夜泊》，就把寒山寺给宣传出去了，张继这首诗就是寒山寺最好的宣传广告。大家知道《少林寺》这部电影，对我们少林寺的宣传影响是非常大的，现在多少家武术学校，全世界都知道少林寺，但是没演这部电影之前，知道的人并不多。按照历史来说。白马寺比少林寺的历史还长，但是白马寺没有一部影响巨大的文学艺术作品去宣传它，所以少林寺的影响极大。

为了使我们的孝道在全国，特别是在广大青少年当中得以广泛传播，2003 年我们成立了全国“敬老、爱老、助老主题教育组委会”，它是由全国老龄办、民政部、教育部、国家广电总局、团中央、全国妇联和中国关爱下一代委员会七部委成立的。我们在全国孩子们中间开展了“读敬老书、做敬老事、写敬老文”活动，编辑出版了《中华孝道故事书》，创作了讴歌母爱的话剧《疯娘》在全国上演，同时还整理了十条敬老心：

第一条，敬老是人高尚品德的一面镜子。2005 年我在政协提了一个提案，说考察干部也要看他是不是孝敬父母，如果一个人连自己的父母都不知道孝敬，他会勤政爱民、报效国家吗？当时有很多媒体在宣传这个。后来我到广东，广东人说孝敬父母的人坏也坏不到哪儿去。我又给他加了一句，我说不孝敬父母的人好也好不到哪里去。他连父母都不孝敬，你说他能好到哪儿去？但是具体问题要做具体分析。一般来说这是有道理的。中央现在提出来考核干部要德才兼备、以德为先，把“德”放在首要的、极端重要的位置，我认为是很重要的。

第二条，关爱今天的老年人就是关爱明天的自己，大家都有老的一天，你关爱今天的他，实际上就是关爱明天的自己。

第三条，只有孝敬自己的父母，才能得到子女的孝敬。这句话讲的是榜样的力量。有一个流传很广的民间传说：一个人的父母不孝敬老人，当爷爷老了一身病残，不能劳动的时候，父亲说儿子，咱们拿一个筐把爷爷抬到荒山野外去吧。儿子跟爷爷很亲，不同意父亲的做法，当他父亲把他的爷爷抛到荒郊野外回去的时候，他把篓背了起来，父亲说背这个篓干什么？他说等你和妈妈老到我爷爷那样的时候，我用这个篓一块儿抛弃你们，他父亲听了之后，赶紧把爷爷抬回去孝敬。

还有一个故事，说安徽有一个陈老汉年纪大了，他的儿子媳妇不孝顺，陈老汉就给他的秀才侄子说，你有没有办法教育一下我的儿子媳妇。他的秀才侄子说我给你写一副对联，你贴在家里看看效果如何？对联上联是二三四五，下联是六七八九，上联少个一，下联少个十，说我老汉缺衣少食，吃不饱、穿不暖的意思。中堂写的更有意思，隔窗望见儿喂儿，想起当年我喂儿，我喂儿来儿饿我，当心你儿饿我儿。儿子媳妇看了以后羞愧万分，从此以后改过自新，一家人和好如初。

第四条，怎样关爱自己的儿女，就应当怎样关爱自己的父母。这句话来自郑板桥，郑板桥是个好官，他在要离官的时候，有位年轻人说请您给我们留几句话吧，郑板桥说你们要爱父如子，怎样爱你们的孩子就怎样爱你们的父母。这句话听起来不好听，但是年轻人照着做了，个个都变成孝子。其实父母对孩子是非常无私的，我养这个孩子是不求回报的，绝对不会让孩子丢下自己的工作来伺候他，子女把钱给老人寄回去，老人拿着汇款单很高兴，说我儿子又给我寄了钱，没有忘记我，但实际上，老人吃也吃不了多少，花也花不了多少，到商店也走不动路了，也不要求买贵重的物品，老年人很多把孩子给的钱为孩子攒起来，等到他离世的这一天，他说孩子你给我的钱还在这儿。让孩子用来做事业，抚养下一代。父母就是这样。我们现在给孩子要花多少钱、花多少时间、花多少精力？如果我们把这份爱的1/2、1/3、1/4用来回报我们的父母，我看就是孝子。

第五条，只有像关爱自己的父母一样关爱公婆，才能使自己的父母得到同样的关爱。自古以来婆媳关系就是一个难题。因为婆婆和媳妇没有血缘关系，不像自己的女儿和儿子一样，我批评几句，说的重了、轻了，女儿和儿子不会往心里去，血脉相连嘛，孩子不计较，但是儿媳妇就不是这样了，从古以来这种关系都很难处。所以《孔雀东南飞》里面讲了一个婆婆压迫儿媳妇，导致小两口上吊自杀的故事。但是现在我觉得解放以来各地妇联都在积极宣传党的政策，教育男女要平等，婆婆不能压迫儿媳妇，要讲究家庭的和睦。我想现在我们绝大部分妇女同志在这个问题上都是做的非常好的。但是在一些地方，却出现了儿媳不孝顺公公婆婆的现象。我经常跟很多的女同志讲，每一个女儿都愿意自己的父母得到关爱，但是作为女儿你不能不出嫁，你出嫁了，别人的父母成了你的公婆，你的父母也会成为别人的公婆。因此只有大家都对公婆好，才可能使自己的父母得到同样的关爱。天下父母都是一样的。

第六条，大象无形、大音希声、大爱无言，父母的大爱在不言之中，做儿女的要细细体会。现在很多孩子对饭来张口习以为常，察觉不到父母无微不至的爱，什么时候能够感受到呢？等他做父母的时候，养儿方知父母恩。有句话叫“子欲养而亲不待”，比尔·盖茨曾经说过有什么事不能等待呢？第一是尽孝，第二是尽善，因为比尔·盖茨的母亲就是得了癌症去世的，所以比尔·盖茨虽然有很多钱，但是还没来得及孝敬母亲，母亲就走了，所以他说世界上最不能等待的第一是尽孝，第二是尽善。所以我们要教育我们的孩子早一点孝顺父母。怎么尽孝呢？尽孝关键是一颗心，你只要有这颗心，善待你的父母，感恩你的父母、孝敬你的父母？不用教都会。

第七条，中华传统尊师如父，成功者永远不要忘记为我们传道、授业、解惑的那个人，在我们人生当中对我们教导最多的，除了我们父母就是老师。

第八条，家里有老人，人人有老师，我不敬老谁敬老。

第九条，当官不敬老，不是好领导，当官又敬老，人人都说好。我经常给我们民政部、老龄系统的人说，国家把我们放在这个位置上，我们就要好好地为老年人服务，趁着有权的时候多做好事、善事、实事，等退下来的时候也能够享受到，不然的话，有权的时候想不到，想到的时候都没权了。

第十条，忠和孝都是爱的表现。孝是小家之爱，忠是大家之爱，孝是忠的基础，忠是孝的升华，当忠孝不能两全时，为国尽忠也就涵盖了为父母尽孝的德。

抗击自然灾害和担负特别的工作任务时，忠孝难以两全。日本鬼子打来了，我们要去抗日，发生了自然灾害，我们要去救灾，我是一个警察，如果去追一个逃犯，就不能只顾自己的家，我要完成任务，我要顾全大家。在这样的情况下，的确是忠孝难以两全。但是在和平时期，在一般情况下，我认为忠孝是可以两全的。孝子不一定都是忠臣，但是忠臣必定都是孝子，大忠臣都是大孝子。

有一次在人大会上，我就讲了十条敬老心语，出来的时候有一位新华社记者给我建议，说你能不能写一首歌，把这十条敬老心语的内容反映出来，让孩子们唱出来宣传效果可能更好。我就写了一个敬老歌：

日出东方好辉煌，黄河入海万里长，中华孝道传千古，千古中华礼仪邦，天底下，人世上，爹娘恩深似海洋，从小懂得孝父母，长大报国好儿郎，娘家爹，婆家娘，将心比心一个样，两边父母都孝敬，和睦家庭喜洋洋。烛光照，闪闪亮，喻我青春好时光，传道授业解疑惑，你的师恩记心上，先栽树后乘凉，长者恩德不能忘，老吾老及人之老，春风化雨暖心房，乌鸦反哺拳拳意，我当敬老做榜样，爱父母，敬师长，人文道德第一桩，人人捧出心中爱，孝道永远放光芒。

这个敬老歌由孟庆云老师谱了曲，网上可以搜到它，现在全国的青少年都在唱，让孩子们都去唱本身就是一种教育。另外我们还把这首《孝亲敬老歌》和敬老书给青少年送去，现在有个企业家要把敬老书的64个故事全部做成动漫，通过网络、电视把它传播出来。所以希望孝道的事情大家能一起来做、一起来学习。

弘孝道切莫只说不干

孝道既然是人们的美德，是社会需要孝，我们就有责任把它发扬光大。我们党和政府一贯重视老人工作，颁布了《老年权益法》《老龄工作方针》，确定了“六个老有”的老龄目标，各部门努力工作，给老年人做了很多的好事，比如现在北京市65岁以上的老年人就可以免费乘公交车、进公园不用花钱，我想我们河南也会有很多

这样的优惠政策。

我从民政部副部长的岗位退下来以后，现在主要从事以下几方面的工作：一是全国敬老主题教育活动，我做了这个活动的组委会主任。另一方面就是做中国老龄事业发展基金会会长。这几年我做了这几件事，弘扬中华孝道，评选敬老模范，两年评一次，我看我们河南已经出了两个中华敬老模范，我们全国有2000个县，每一个县有一个孝敬敬老之星，全国一次评2800多名，2006、2007、2008、2010年我们评了4次，有7个部门在做这个事情。再从这2800多名模范中评选中国十大楷模，在人大会上由中央领导给他们颁奖。

今年北京市做的特别好，北京市刘淇书记亲自过问，全市评了1万名孝子，1000个敬老模范单位，而且北京要年年评下去。

我们推动老年文化活动的开展。每年的重阳节，北京都要搞红叶风采文艺晚会，来自全国各地的老年文艺团队把他们的节目选上来，大家看到唐山的老太太们跳的皮影舞蹈《俏夕阳》就是我们的保留节目。

另外我们也推动老年歌舞活动的开展，北京现在很多公园，一到礼拜天，老年人都聚在那个地方唱歌。最早是景山公园，我在景山公园旁边住过十几年，我每天到公园去，那时候我也参加。后来隔了十来年没有去，我从岗位上退下来以后，第一个礼拜天就去了，原来是几十个人自娱自乐，后来变成上千人在唱革命传统歌曲，这可不得了。从《长征组歌》《大刀向鬼子们的头上砍去》《东方红》，一直唱到《走向新时代》，很多老年人在那儿唱，唱的不亦乐乎。我就问一位大妈，你每个礼拜都来吗？她说每个礼拜都来。她说我在这儿唱半天歌可以高兴一个礼拜，盛暑也来，三九、四九、每个礼拜天她都来，唱到最后大家还高呼口号。后来我们就把景山现象写了一篇文章，专门为此开了座谈会，回良玉副总理、李岚清同志都给我们题了词，鼓励老年人这样做。

第三个事情，我们又搞了一个爱心护理工程。现在我们“421”的家庭很多，老年人多孩子少，四个老人两个年轻人，老年人健康的时候好办，老年人出不了门、下不了床，生活难以自理的时候对家庭来说是沉重的负担。2005 年的时候，我们政协提了一个提案，希望社会能给城市的高龄老人提供一个护理服务，叫做“爱心护理工程”，它的核心是对老年人进行生活照料、康复医疗和临终关怀。我们称这是“帮天下人尽孝，替世上父母解难，为党和政府分忧”。

为什么帮天下人尽孝？儿女自己要尽孝，我不能替你尽孝，但我们可以帮助你。最后我们的做法是五统一：统一名称、统一理念、统一标识、统一规范、统一设施，它的运作机制是政府支持、社会力量兴办，自主经营、自负盈亏。自 2005 年开始一直到现在，我们在全国 100 多个城市建起两百多所爱心护理院，我们河南是护理院最多的省份之一。好多女同志都在办爱心护理院，因为女同志有爱心又很仔细，做这个事情做的非常好。后来佛教组织和高僧也在做，比如五台山如瑞法师，榆次有 300 亩地，他在那儿盖一个青苔安养园。佛寺高僧为什么积极参与呢？因为他们说我们说的那三句话宗旨跟佛教的“恩”不谋而合。开始我没想到，后来我想确实如此。佛家说的“报四重恩”，就是报父母恩、报众生恩，报国土恩，报佛教恩。帮天下人尽孝报父母恩，替世上父母解难是报众生恩，为党

和政府分忧是报国土恩，前面三个恩都报了佛教恩也报了。我想只要我们为老年人做好事、做善事，佛教也好、基督教也好，其他宗教也好，我们统统都欢迎。我们把书籍、录音提供给老年机构，我们叫做幸福大课堂。

在历史长河中，人的一生很短暂，有一首打油诗虽然很消极，但是很形象，诗说：一岁出台亮相，十岁天天向上，二十远大理想，三十基本定向，四十处处吃香，五十奋发图强，六十告老还乡，七十打打麻将，八十晒晒太阳，九十躺在床上，一百挂在墙上。人的一生就这样走完，所以我们要特别珍惜生命，让自己的一生有价值、有意义。

怎么过得有价值、有意义？我想关键是处理好公和私的关系。由于人们对待公和私的态度不同，可以把人分为境界不同的六种人，第一种人，大公无私是圣人，没有私。第二种人，公而忘私是贤人，他有私但是忘了小我，像雷锋、焦裕禄。第三种人，先公后私是善人。第四种人，公私兼顾是常人。第五种人，私字当头是小人。第六种人，徇私枉法是罪人。

公字和私字哪一个摆在前面，哪一个摆在后面，结果大不一样，金刚石和石墨都是碳分子，但是由于排列不同，价值也大不相同。先公后私，你就是善，私字当头你就是个小人，最终人的价值、人的分量，以及我们在他人心目中的地位也会大不一样，所以一定要把公字和私字的位置摆对。因此，我们应当远离罪人，不当小人，超越常人，当好善人，争做贤人，尊崇圣人。

对大多数人来说，当一个善人应该是不难的，只要你把公字放在前面，先人后已，助人为乐就是善人。我现在就在努力地做好一个善人。我写了一首唯善乐的诗和大家分享：

万善德为本，百善孝当先，古今多少事，叫人结善缘，善者有善报，恶者以恶还，善恶隔千里，差在一念间，人人都行善，快乐每一天。

这首诗强调以下四点：

1. 孝的重要性。孝为德之本，万善德为本，百行孝为先，一切善举都以德行为基础，所有德行必以孝为先，教育要从孝开始，孝心一打开，所有的德行都出来了。所以孝是打开良心之门的钥匙，孝非常重要。有一位老师张华同志，他原来在监狱里面工作，他在监狱里面学习《弟子规》，用孝来教育犯人，效果非常好。

2. 因果问题。因果不是唯心的，是唯物的；因和果本来就是哲学范畴，有因必有果，有果必有因，种瓜得瓜，种豆得豆，种善得善，种恶得恶，这是很多事实已经证明了的，我们应当进行道德教育和因果教育，道德教育使人羞于做坏事，因果教育使人不敢做坏事。

我还写了一首打油诗：不贪不占，莫贪莫占，莫侥幸。知足常乐最轻松。人生品格当如是，头上三尺有神明。什么是神明？就是神的眼睛，神明就是因果必报的规律。所以我们每一个人都要严格地要求自己。我能做多大的好事就做多大的好事，做不了大的就做小的，小的也做不了，千万不能做坏事，害人就是害自己，帮人就

是帮自己，尊重别人就是尊重自己，这就是因果循环。

3. 一念之差。我说善恶隔千里，差在一念间，很多人一失足成千古恨，就在一念之差，要使自己在一念之间有定力，就要努力提高自己的品德修养。《易经》上说厚德载物，道德是一辆车，德越厚，车子越结实，你载的东西越多。要想成就大事业，担当大使命，成为报国的栋梁之才，就应该从孝这个根本做起，好好提升自己的品德。我们看到生活中有很多这样的例子，一个人他当乡长的时候当的很好，会被提到县里当县长，县长的时候也当的很好会被提拔到省里面当省长，但是当省长的时候犯了错误，却被抓了起来被双规了，这是为什么？

因为他的职位上升了，德行却没跟上去，他的德在做乡长的时候还可以，县长的时候也马马虎虎，当省长的时候遇到的诱惑多了，就把持不住了。那个德载不动了，就翻车了。所以有些人现在是买官钻营，没有想到修自己的德，结果他还是保不住买来的一切。

4. 为善最乐。为善确实是一件快乐的事情，当你帮助 10 个人时，你的快乐就放大了 10 倍，当你快乐的时候你的心态是最好的，你的消化系统、血液循环系统、内分泌系统都处于最佳状态，长此以往就会健康长寿。古人说“仁者寿”就是这个道理。最近我也看过一本书，日本有一个医学博士做了个实验，当你面对一杯水说我爱你，谢谢你，感恩你的时候，这个水的结晶是美丽的图案。当你对着一杯水说我讨厌你，恶心，脏话的时候水的结晶是很难看的图案。

小孩子刚生出来，身上 90% 是水，我们大家身上 70% 是水，当一个人要离开这个世界的时候50%是水。你想想当你抱着快乐的、感恩的、平和的、友好的心态的时候，你身上的水都是好的。当你心怀嫉妒、仇恨、阴暗的时候，体内的水也是有毒的。所以一个人的心态以及善良的品德，既是利己，也是利他。

所以让我们大家从自身做起，从点点滴滴的小事做起，为老年人、为全社会，为父母亲，为我们的国家、社会多做实事，多办好事，多做善事，日日都行善，快乐每一天。让我们大家携起手来，为弘扬中华孝道，实现中华民族的伟大复兴贡献我们的一份力量。

第二篇

学习女德 养护身心

陈松鹤老师：毕业于河南医科大学，在北京大学医学院获硕士学位，后来在北京中医药大学获博士学位。现在在河北大学中医系任中医临床教研室副主任、硕士生导师，长期从事教学、科研和临床工作以及医学专题研究。在业余时间致力于传统文化的学习和推广。

近些年来，女性在社会上越来越受到重视。这主要也是因为人们逐渐认识到：无论在家庭、社会还是在国家中，女性都发挥着不可替代的作用。胡锦涛主席也说过，妇女同志身上有很多优秀品质，如勤劳、智慧等，这些美德对我们国家都是非常非常重要的。国家的未来和希望都在青少年身上，而青少年的教育主要来源于他们的母亲，可以说，母亲对孩子人生观、价值观的形成以及心智的养成

起着至关重要的作用。所以未成年人的教育好不好、我们的孩子好不好，关键在于母亲是否能够给予孩子德才兼备的教育。我们这个国家、这个民族能否繁荣兴旺，与每个女子的德行息息相关。

有一位圣人说“治国平天下大权，女人操得一大半”。因为，有贤女才有贤妇，有贤妇才有贤母，有贤母才有贤德的子孙。所以，文化始于闺门，文化立于女贞。如果母亲不能给予孩子贤德的教育，我国古代就不会出现像孔子、孟子这样的圣贤。

女子在整个社会发展过程中的作用其实是很重要的，所以她们承担的责任也是很大的。她们不仅承担着家庭的和谐，甚至承载着整个社会的安稳。一个孩子将来能否成为社会的栋梁之材，与他的母亲是否具有将孩子教育成材的责任心有关。如果每一个女子都具备这样的责任感，何愁不能实现家庭的和谐与社会的稳定？

作为一位女性，当我们心胸变得宽阔，认识到自己对身边发生的任何事情都负有责任，自己的身心就会和谐，继而家庭和社会也将更和谐。所以，不用埋怨学校的教育制度是否完善，也不用抱怨社会风气的好坏，我们能做的，也是必须要做的，就是从自己开始，从自己的修养开始，从家庭开始，学习、培养自己的女德，教育好自己的孩子。那么，我们的人生也将会变得非常有价值，能够体味到生活中细微的幸福。

气血不畅的原因是什么

中医上说，男属阳，女属阴；男属天，女属地；男属火，女属水；男有阳刚之气，女有阴柔之美。表现在性格上，男子的性情是忠、良、温、雅；女子的性情则是柔、顺、贞、静。男子要温文尔雅，女子要更加柔顺。女子的身体以血为主，所以说女子是水做的。如果女子身上的水不足了，我们的阴血就不足了，身体就容易出毛病。

《易经》上说“天尊地卑，乾坤定矣”。古人的“天尊地卑”并不是歧视女子，而是告诉我们，天地间万世万物的运行都要有一个秩序。这就像九大行星一定是围绕着太阳转，这是它们之间应该遵循的运转规律。我们哪怕是买票也要排队。

所以，社会要想安宁，万物要想发展好，必须要有秩序。其实，尊卑就是代表着一个秩序，也就是说，男女是各尽本分，没有高下。

所以，我们每个人都有自己的本分，有自己的位置，要明白这点，要给自己明确定位。

对于女子来说，本分就是柔、顺、贞、静。

“柔”是柔软。就像春天柳树上的柳条，它既可以弯成圈，也可以弯成麻花，也正是因为柳条非常柔软，所以它不会被折断。女子的性格，也应该像柳条一样柔和。“柔”是柔软，能弯曲，不要像木

柴那样，一折就断掉了；“和”就是要温和、要温暖，说出来的话要暖人心。

“顺”的右边是个“页”,“页”的本义是指面相；左边是“川”，“川”是河流的意思。如果河水流动非常畅通，那么就是顺畅的。如果脸面横起来就很难看了，就不叫顺了，水也就流不通了。

所以我们女子要像水一样，无论遇到怎样的阻碍，都能绕过去，流到哪儿都行。放到某个圆形的容器里它是圆的，放到一个方形的杯子里可能就是方的。呈现怎样的状态，完全取决于放到哪儿。无论到哪里都能适应。此外，“顺”也表示说，作为女子应该知书达理，恭敬待人，笑面迎人。

在家庭里面，作为女主人，同时也是家庭成员的服务者，需要照顾老人、丈夫和儿女，所以非常需要柔顺的性格来承担好这项责任。

“贞”是贞操、贞节，坚定不移的忠诚。无论男女，都要有贞节，有贞操。没有贞节，心就会乱，就会三心二意不能安静下来，就会变得浮躁。一个有贞节的人，才具备健全的人格，也才具有做人的尊严。

“静”就是安静、沉静。我们都不喜欢喋喋不休的人，一个安静、稳重的女子会给人一种优雅的感觉。

所以说，作为女性，就要做到柔、顺、贞、静。做到这四点，对身体的健康也大有好处。

现在，很多女性到处去美容，其实，如果能做到柔、顺、贞、静，根本就不需要花费这些心思。试想一下，一个性格粗暴的女人，即使再去美容，内心的刚硬会通过语言、动作等方式表现出来，她真实性格与表面妆容的不和谐，给人的感觉只会更糟糕。

女人的美来源于内心的宁静和柔和，然后才能从内而外透出和气的光芒，而女性高雅的气质也正来源于此。女人的心是柔和的，那么她的气就柔和、顺畅了，皮肤才会好。很多人皮肤不好，与她们的脾气、性格有很大关系。

就像一个杯子，美容、化妆就像在杯子表面进行装饰，如果这个杯子里面都是污垢，没有清洗干净的话，无论表面画得多漂亮，里面的污垢都不可能被遮掩。所以，女子若想自己的皮肤好，应该培养自己的内在。如果体内的气血不顺，有很多污垢，一味地去做美容是没有用的。中医上说，气非常顺的人，她的皮肤也会很好。心情好，头发也会好，因为“发为血之余”，就是说肝血充盛头发才好，如果肝血不充足，头发也不会好。而且，怀孕时女性的血充盈，养的胎儿也会非常健康，如果血不足，生下来的孩子多数情况下都是病怏怏的。

也只有内心柔和、柔顺了，自己的精神才会饱满，而且不容易衰老。古话讲“忧能使人老”，一个每天担忧、愁苦的人，心情总是处于抑郁状态，很容易就会变老。很多女性会得产后抑郁症，其实这一方面是因为她的血不足，另一方面是心情不顺畅，觉得自己生孩子很委屈，不能体味到做母亲的幸福和责任。

做母亲是女人的天性，如果认为做母亲是委屈的，违反这个天性，那么她的身心就会不和谐。内心不柔和，气血就不顺畅。

此外，在家庭中，女子不能强势。如果女人在家里争强好胜，这样就会把家庭搞得一塌糊涂，结果自己也很烦恼。

女子性格不柔顺最主要的一点，就是刚强，说话从来都是得理

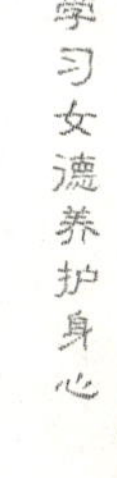

不饶人，不会忍让一点，而且很固执。这样的人好胜，有嫉妒心，也容易生闷气。

女子性格不柔顺也包括脾气很急躁、行事浮躁，甚至会骂人，而这些违反天性的表现对自己都非常不好。

强势、刚强、急躁的女人很容易得病。这些病中医上统归为肝气郁结或者肝火旺盛引起的五六十种病。首先，因为血不足，就会掉头发；因为肝气郁结，女性到中年脸上会有黄褐斑。其实，黄褐斑也可以褪去，只要调整自己的身心，气血顺畅了就会变好。此外，肝胆经的瘀火会导致偏头痛，还有就是淋巴结肿大，甲状腺肿大，甲状腺肿瘤、腺瘤。现代女性容易得乳腺增生或者乳腺瘤，以致最后发展成乳腺癌，这也多是因为自己的刚强用事，心里郁结、难受，气血不通畅导致的。因为不通气，嗓子不舒服。此外还易得胆囊疾病，胆囊炎、胆囊结石都是肝经所在的地方，这也主要是因为自己爱发火、爱发脾气导致的。

注意修养身心，健康自然由自己来主宰。临床上，很多子宫肌瘤也多是因为生气才得的，还有卵巢囊肿，各种月经不调，都是因为心情不好，或者很紧张，或者太急躁而导致的。学习了女德，了解到这些病理，女性朋友们以后就要注重调养好自己的身心，那么这些病的发病率就会降低。

女子以血为主，脾气不好的女子除了容易得上面这些病以外，还极易患脾胃病。脾气不好的女子，心不宽容，就易有怨气，如果有很大的怨气郁结在体内，她的脾胃一定不好。一个心量小的人，对人对事总是斤斤计较，因为忧虑太多就吃不了饭，因此容易胃胀、胃疼。我记得有一位老太太，她的肚子就总会发胀，通常称为气胀病。她只要一生气，腰带就会往外扣出来三个扣，三个小时之后才能再收回去。所以她的气胀病都是因为生气才得出来的。还有很多女子要减肥，想减去身上的赘肉，其实那些往往不是肉，而是垃圾，是因为水分没有化开。之所以没有化开，是因为身上的气血不顺畅。而导致气血不顺畅的原因就是爱生气。我有一个病人，她说她一个月长了10斤肉，她每天都不吃饭，只喝一点水都会长胖。我问她是不是近来遇到非常生气的事了，她说是的，在工作上，别人超过她一点点她就会嫉妒，丈夫做得不好她也会生气。其实，脾气不好，身体就会长胖。当时她心脏也不好，还有肥胖，也有胃病，其实这些病都是因为肝气郁结造成的。

由此可见，自己的性格不够好的话，反映到我们的身体上，就是容易患上这样那样的疾病。生气很难伤害到别人，受损的只是自己而已。所以，想美容就不要生气。

前几天有个病人来找我，她患白癫风很多年了，而且她对她自己的婆婆和丈夫都有怨气，看得出她很痛苦。了解到这些，我就给了她一本王善人（王凤仪）的书，建议她去认真读，好好学，并告诉她，如果她不改变自己的脾性，医生也没法帮她治好。

怒气伤肝，生血毒。毒气怎么来的？这就像毒蛇要发火的时候，它的牙齿就会释放毒素。其实我们人也是一样，当一个人要发火时，毒素就会上来。医学上曾做过实验，发怒的人用牙齿咬到别人的话，这个伤口就不容易愈合。人类的牙齿也会分泌毒素，这个毒素不会伤到别人，而是全部浸到自己的血液里。如果我们性格不好，总是容易因他人而生气，就很容易分泌毒素，然后伤害自己。

现在很多女性患有血液病，比如白癫风、牛皮癣等，这与经常

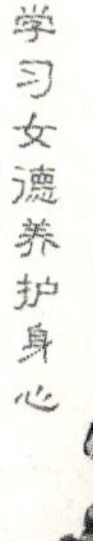

生气有很大的关系。因为科学研究表明，压力大的人患有牛皮癣的机率更大。还有很多人患有血毒或者血热，这个毒和热也是由于自己生气生出来的。不仅如此，这个毒、热还耗血，它们像火一样把我们体内的阴血烧掉，所以有的女子月经很少，发质干枯，眼睛干涩、怕光、遇风流泪，或者上火，等等。还有很多患有脑中风的老年人，多数也都是因为情绪不好，容易发火。我们经常会听说，哪个老年人对儿女发了一次火，结果自己就偏瘫了。所以，儿女孝顺父母，一定要让他们的心欢喜，不让老人发火。此外还有高血压、肝胆疾病等一系列的疾病，都与情绪有关。

母亲哺乳的时候更是不能发火的。如果在哺乳期发怒，血毒就会进到奶水里面，孩子就会得病，甚至会被毒死，这是常识。严重的情绪波动会产生毒性强的毒素。美国斯坦福大学曾经做过一个实验，再把人生气后呼出的气收集起来放到杯子里，杯子里的水会呈现为紫色，把水注入小白鼠体内，小白鼠就会抽搐而死。

中医上讲，我们出生时身体的气血是很顺畅的，可是为什么人到中年就患有气虚、血瘀等各种疾病呢？其实，这主要都是因为自己不好的情绪所致，内心的不平、委屈、怨恨、恼怒把气血循环的正常道路给堵住了。

中医有句话“治病治不了命”，这是告诉我们：每个人的心态、情绪应该自己把握，如果自己不想改变，别人是帮不了忙的。由于情绪和心态而引发的疾病，就应该从调节自己的身心开始，靠自己去改善，靠医生或者其他外在的药物是不能得到根治的。所以说，我们应该让自己时时保持清醒的心智，不能由着性情去说话、做事，否则，所有的纠纷、矛盾，还有身体的问题就都会出现。

所以说，“自助者天助之”，天是外在的，指所有好的机会，只有自己先帮助自己，外在的援助才能再来帮助你。

关于女性如何养护身心，我写过这样一句话，“郁闷长瘤，发火生血毒，皮肤污垢老，皆是不柔和。”

有很多女性说自己有闷气，不能憋着。当然，肯定不能憋着，憋着你会得病，所以要学会有闷气就要化解。

所以我先讲病，因为大家都很想把自己的身体调理得很健康，但是要知道，根源就在于如何化解。要化解，我们首先要找到自己的缺点，要看到别人的优点，而且心里面要时时记得别人曾经给我们的一点一滴的帮助、爱护和恩惠，把这些记在心里面了，可以让自己拥有一颗感恩、宽厚的心。当性情也变得柔和时，才可以从根本上化解那些气血阻塞，那些瘀血和痰凝。学会化解，也关乎我们如何来做一个人，如何来经营一个家庭，以及如何来面对学习和生活。而我们的传统文化，正是教给我们这些内容，它并不高深，只是古代的圣贤告诉我们如何让生活过得更美好、更幸福而已。

阴柔奏出女性最强音

《易经》上说，“天行健，君子以自强不息；地势坤，君子以厚德载物”。女子作为大地，要加强自己的德行修养，要以深厚的德行去承载万物。我国古代的圣贤教导说，女子的德行包括：宽、仁、

慈、惠。

宽就是说女子的德行要非常“宽”厚，要有肚量，不要因为一点小事就发脾气，要待人宽容。“仁”是仁爱、仁慈，不仅要爱丈夫，还要爱丈夫的家人，爱身边所有的亲戚朋友，对万物也要有仁爱之心，这是大爱，就像大地一样广阔无边。“慈”是慈爱，就是说待人要慈悲博爱。“惠”是恩惠，施于别人恩惠，不要有一点的贪心，或者说，施恩于人时能够体谅别人的辛酸，真正做到帮助他人而不求回报。

有一位长者跟我讲了他小时候印象非常深刻的一件事。那时候他们家还非常穷，有一天，他的母亲刚做好一碗米饭，三个孩子都想吃。这时，门口来了一个乞丐，看起来好几天没有吃饭了，母亲毫不犹豫地把这碗米饭给了那个乞丐。这位长者说，他们的母亲很少对孩子进行说教，他们都是从母亲的行为中学到做人的道理的，学会如何去关爱他人。然而，我们看到很多人，从他们身上几乎看不到爱，这就是麻木。其实，一个人没有知识并不可怕，因为愚昧而心生怨恨也不可怕，最怕的就是人心的麻木。如果每一个母亲都有一颗慈爱的心，那么她教育出来的孩子就不会麻木；如果每一个人都能以博爱之心来面对彼此，那么这个社会也将不再有麻木之人。

还记得郑黄旗给我讲他的家族里一位老人的故事。他说以前的老人，他们虽然不认识字，但非常有智慧，非常懂得如何做人。郑黄旗他们家族里有位老太太，每次看到有乞丐来乞讨，这位老太太就会请乞丐把自家门前的砖从一边搬到另一边，然后这位老太太就会给乞丐盛一碗饭。这位老人的孩子不懂，为什么母亲要让乞丐先搬砖然后才给他们饭吃。这位老太太说，每个人都有尊严，如果随便就给他一点饭，那就失去了自己的尊严。所以，要给乞丐这个尊严，就让他给我们家里做一点事，然后他再接受我的施舍，这就理所应当了。

我们在行善的时候，也应该像这位老人一样，要照顾到接受者的那颗心。我国古代女子宽厚、仁慈的心细微到几乎能够照顾每一个角落，所以，她们的德行都非常大。

母亲的心量广大，所有人的不足她都可以包容。虽然母亲总是默默无闻，但是如果谁遇到挫折了，或者受了委屈，她都可以给予爱心，会用温和的语言来分析，并给予鼓励，从而帮其化解。

女子性格是否柔顺，这是家庭能否和谐的关键。如果母亲的性格温和柔顺，儿女的性格也会非常好。我们中医都讲阴阳平衡，其实“家和万事兴”也是同样的道理。

然而很多女子阴太盛了，阴盛则阳衰。

凡是在家里强势的女子，她的丈夫就是软弱的。这样的家庭养育的孩子，如果是儿子，多数情况下会像他的父亲一样软弱；如果是女儿，那么女儿则会像母亲一样强势。将来儿子找儿媳妇，又会照着他母亲的标准找，结果这个儿媳妇也会很强势，这样婆媳之间就会经常闹矛盾，甚至会大打出手。

家庭应该是幸福的、安宁的，是全家人避风的港湾。当丈夫和孩子回到家里，他们应该感到一种和睦和温暖，这是作为母亲应该为家庭营造的氛围。如果一个家庭充满了烟火味，谁还会想回家呢？现在，有很多的孩子不愿回家，那是因为家里没有让他安宁的地方，因为这个家没有让他感受到爱和温暖，因为母亲没能给他足够的爱。

丈夫不想回家，是因为妻子没有温和地对待他。所以说，女性应该为自己的家庭营造这种和谐的、和睦的、其乐融融的氛围。

要营造一个和睦的家庭，家庭成员间应该少埋怨、少指责，彼此间多关爱，多呵护，遇到事情多为对方考虑。

女子最大的武器是温柔。如果妻子性格温和柔顺，那么丈夫通常也会宽厚体谅。

我们讲女德，并不是说丈夫到家可以什么都不做。只是告诉女性，态度应该谦卑下来，说话、行事应该温和。当妻子的言语柔顺时，自然很容易得到丈夫的呵护。同样的道理，教育孩子也应该以尊重孩子为前提，如果孩子犯了错或者没把事情做好，应该宽容地面对，耐心地帮他分析，而不是一味地指责。

女性要“以柔克刚”，意思是说妻子要以温柔的态度来面对丈夫的刚强，从而让丈夫的心里也很温和，不会发火。其实，男性偶尔发火，是很正常的，就像天上打雷下雨一样。天上下雨有大地承接着，面对丈夫偶尔发火，如果妻子也能宽厚地面对，那么事过之后，相信丈夫一定会给妻子赔礼道歉的。所以说，如果女性能够真正做到谦卑、宽容的话，就会得到家人的尊敬，而这正是女子的德行所在。

如果丈夫做错事情，妻子应该劝谏，而不是指责。劝谏时要温和，要站在丈夫的角度上用自己的智慧通情达理地去帮他分析、判断。而且，在说的过程中，妻子要提醒丈夫，作为一家之主他应该具有承担起一个家的道义之心。这样，把丈夫的责任心激发出来，这也是一个好妻子需要做到的。因为当妻子以仰望的姿态面对丈夫的时候，丈夫就会勇往直前地去做事，就会用自己的道义之心去反省。

夫妻之间相处需要放下感情用事，提起本分和道义。夫妻两人相处时间长了，相互间就有了道义。这种道义需要“夫妻之间以敬之”，也就是我们所说的要“相敬如宾”。彼此恭敬，时时看到对方的优点，让对方的优点能够充分发挥。作为妻子应该懂得对丈夫给予鼓励、给予赞美，因为男人也跟小孩子一样，也是需要肯定的。其实，我们每个人都需要别人的肯定和赞美。而在一个家庭里，妻子是给予丈夫能量和动力的源泉，妻子的肯定、支持和赞美都能激发丈夫的潜力。然而，现在很多的夫妻关系不好，主要是因为妻子没有“礼”了，就是所谓的“近之则狎狠”，妻子对丈夫挖苦或讽刺，丈夫对妻子也不留情面，这样很伤感情。

夫妻反目，往往是因为礼节不到造成的。不要以为两个人感情很好就可以不要礼节了，恰恰因为太亲近了，相互之间都很在乎对方，所以对方说出肯定的话就会变成自己的动力，而嘲讽的话会刺痛自己的心。因此，夫妻相处应该相互尊重、注意礼节，也应该谨言慎行。此外，夫妻间应该真正地爱护和成就对方，而不是控制或者占有。我们一定要区分自己对身边的人到底是哪一种心态，其实不仅是对妻子或者丈夫，还包括孩子、其他亲人，还有自己的下属。真正的爱护和成就是毫无私心地去面对对方，真诚地、无所求地去帮助他。而控制、占有的念头是因贪心所起，然后又会生出嫉妒心。

家庭就像一个团队、一个单位，需要非常用心地来经营。不是去管别人，而是真正地做好自己；也不用去指责别人，而是自己先把本分做到，做一个表率。

纵观整个人生，我们这一辈子从来没有占有过什么，也不可能

控制什么。

我们和身边的家人、朋友一起度过这段美好的日子，也只有这几十年。我们成立这个家庭，能够这样来度过，应该去珍惜。其实，幸福就在于珍惜我们现在拥有的，而不是攀比、计较。珍惜现在拥有的这个家庭，珍惜身边的每一个人，我们就会感觉到幸福了。我们不可能去控制、去占有他人，只能是成就对方，也就是“成人之美”。成就对方的好，希望对方能够获得幸福，我们心里也会非常安稳。这就像我们母亲希望自己的儿女过得幸福、安稳一样，我们也应该用这种无私的母爱去对待自己的丈夫、老人、身边所有的朋友。

母亲的爱一定要延伸，延伸到身边的每一个人。越往外延伸，你的幸福就会越大，你的福报也就越大，你为儿女积的福也就越大。延伸自己的爱，这便是德行。放下对立、放下控制、放下占有，只是一心成就对方、爱护对方，这样就不会再有怨恨。人生只有几十年的光景，应该好好地去珍惜这段时光。

那么，在家里面，女子要助夫成德，帮助丈夫成就什么样的德行呢？主要就是孝、忠、廉。古人说“助夫成德，贤妇也”，真正有贤德的女子，爱夫以正也。也就是说，这个女子爱自己的丈夫，她就要帮助他行的正、言的正。“正”就要帮助他，比如说你是宰相，你要帮助这个皇帝把国家治理得非常好，这个女子就是家里的宰相。“承其德，继其业”，帮助他承担他的德行和事业，并且体恤他的艰难，与他同甘共苦，这就是正的含义。《易经》上说“二人同心，其利断金”，两人能够真正地同甘苦、共患难，创造人生的一番事业和一个美好的家庭。

对于家庭来说“孝”是最重要的，而且我们说儿子孝不如媳妇孝。媳妇真正能够做到这个孝，才是真的孝。在学校里面，也经常有社团请我给学生讲女子的德行，讲完课以后，就有女同学来找我了，有位女同学就跟我说，我讲的“刚强”蛮像她的，她说她从小就是这样。她今年才20岁，却得了乳腺增生，不知道怎么治，没结婚就有乳腺增生了。然后她说，她家大舅妈的儿子得了强制性脊椎炎，二舅妈的儿子上大学时突然检查出得了心脏病，不得不退学。我问她，她的家庭是怎样一个状况？她说，她的两位舅妈对她姥姥都不好，其实她姥姥人非常好，但是她大舅妈、二舅妈对姥姥都不好，最后她们的孩子都得病了。我说这个可以理解，因为强制性脊椎病属于免疫系统紊乱，为什么会免疫系统紊乱呢？因为孩子看到他的妈妈和他的奶奶关系不好，他的妈妈每天骂他的奶奶，这个孩子心里会怎么样？十几年心里很抑郁，心里很难受，他的免疫系统就容易紊乱，所以他会得强制性脊椎炎。所以说，营造一个幸福的家庭，营造一个和谐的氛围不仅对夫妻两人的生活有益，它也会影响到孩子的成长和健康，孩子性格的好与不好都是和家庭和谐与否相关的。

我是两个班的班主任。我发现，凡是有抑郁症的、心情不好的孩子，几乎都是他们的父母关系不好造成的，要不然就是夫妻两人常常冷战，或者两个人都不说话或者几十年不在一起，这些孩子都不知道世界上什么是温暖。一个孩子的姐姐很早就找了一个男朋友，然后跟男朋友住在一起，过年也不想回家，因为家里冷冰冰的。另外一个孩子也是，家里面父母关系不好，动不动就吵架，他不知道该怎么做。这样的孩子真的很可怜，他们已经是大学一年级的学生了，还好他们可以向班主任来诉苦。

所以家庭经营得幸福还是不幸福，不只是两个人的事情，对下一代的影响也很大，甚至会影响孩子一生的幸福。处在这样的家庭里，孩子将来还能够经营好家庭吗？他如果没有一颗爱护别人的心，如果已经对结婚、对夫妻之间的关系丧失信心了，他怎么能得到未来的幸福呢？进而，我们就知道了，家庭经营得不好是因，得了疾病是果。

后来，我就把刘善人讲的光盘让她拿回家给她妈妈看，她自己也学习。过了一段时间，她父亲就说："我的女儿怎么变了，我女儿这些日子回家没有和我顶嘴。"最后她讲，她没有治病，但是她乳腺的结节已经下去一大半，对我非常感谢。我说这得感谢老祖宗。我们家庭幸福不幸福或者有没有疾病，都取决于我们自己。

古有三从四德的说法，在此，我想说明一下自己对三从四德的感受。"三从"是小的时候从父，中年从夫，晚年从子。

小的时候从父，作为一个孩子，你一定要听从父母的教诲，这个父亲代表着父母，其实这也是孝道。俗话说"不听老人言，吃亏在眼前"，我们可以去反省一下，小的时候自己是否听爸爸妈妈的话，小的时候从父，这是教育一个孩子应该有孝道。

中年从夫，就是说女子要助夫成德，使丈夫的德行提升，提升之后还能反过来帮助自己。比如很多女士经常说自己的丈夫说自己这个缺点、那个缺点，说得她心里很不高兴。其实那是丈夫在提醒你，如果你把这个缺点改掉，那么你的修行、你的修养就会提升，家庭就会更幸福，自己孩子会更受益。所以，在听到丈夫对自己的劝谏的时候，我们应该"过能改，归于无"，而不要去掩饰自己的缺点。丈夫提出我们的缺点，我们应该知道"有则改，无加警"，没有的时候我们去改进，有的时候我们一定去改过。所以无论谁讲到我们的缺点，都是为我们好，要感受到他那颗爱我们的心。

晚年从子，其实就是说晚年父母一定要给孩子孝敬自己的机会。比如，孩子要给父母洗脚，父母不要觉得不好意思，就让孩子给你洗脚。孩子说要做点家务，父母可以说："太好了，你去做家务吧。"作为父母不要觉得这样孩子就耽误时间了，如果只是单纯要他去学知识，没有培养孩子孝敬父母的德行，这样不利于孩子形成一个健全的人格。所以父母老年的时候也要有智慧，就是要统领一个家族，然后来成就儿孙的孝道。所以说"家有一老就是一宝"，这个"宝贝"就是说，只要有这个老人在，我们儿孙就有积福的对象。他如果不在了，我们想孝敬也没有时间了。

中国传统文化强调的，有两件事不能等：一件事情是尽孝，另一件事情是行善。尽孝是绝对不能等的，我的爷爷86岁了，我的父亲想尽心地去孝敬他，不让他在各个孩子中轮转着去养。爷爷也觉得在我们家住着舒服，愿意一直在我们家住，这样他是给我们儿孙一个行孝的机会。

再来说"四德"。"四德"是为"三从"道德服务的，后来泛化为对所有妇女的要求。包括妇德、妇言、妇答、妇功。

我们今天能够成就丈夫的德行，主要靠的是孝、忠、廉。我建议家长每天都给孩子读《八德故事》，因为这里面讲的是自古以来的礼义廉耻和所有古圣先贤的事情。一小段一小段的故事，这在传统的书上应该都能够找到，给孩子们去讲，讲完以后去分析。

这本书里面记载的很多故事中的女性，不管是母亲还是妻子，她们都有舍身去成就丈夫的忠心。她们为国尽忠，就是可以牺牲

自己的生命，也要成就丈夫对国家的忠心。这样的女子在历史上非常多，这是我们的祖宗、祖先为我们留下的宝藏。所以希望我们的家长能够给孩子去讲这样的好故事，帮助孩子从小培养健全的人格。

"廉"也是这样，一个廉洁的母亲肯定能培养出一个廉洁的儿子。让自己儿子从小偷针偷线的，将来这个孩子一定就成大盗。一个贪官的背后，一定有一个贪婪的女人，一个廉洁的官员背后，一定有一个廉洁的妻子。所以说，丈夫的事业乃至于国家的兴衰，被女子操得一半。除了要助夫成德以外，女子还承担着塑造子女的性格，培养国家栋梁的责任。

在此，我想我们有一个观念要改正过来，就是儿女不是我们个人的。其实，儿女是社会国家的，从法律上说父母是儿女的监护人，监护到18岁他们就成人了，他们有自己的权利。

真正的安静来自于内心

教导孩子，不是说你想把他养成什么样。有些父母为了满足自己的虚荣心，让孩子学这个学那个，孩子学得不好了自己脸上过不去。我们要知道，养孩子为了什么？父母是在培养国家的栋梁，不是为了满足自己或者得到别人的夸奖。父母在照顾儿女的时候，要时时刻刻想着，要培养他（她）什么样的能力和德行才能帮助他，让他（她）将来能够服务于社会。而不是说“我很爱你，我很宠爱你，心疼你，怕冻着，怕饿着，什么活也不让干”，这样只会培养成一个“啃老族”，长大以后孩子什么活也不干，这样的人对社会毫无用处。

“母不取其慈，而取其教”，就是说，任何母亲对孩子都有慈爱的心，但是最主要的是母亲要去教导他（她）。母亲培养孩子，就要使他（她）成为国家的栋梁。如果母亲一味地溺爱孩子，无视他（她）的缺点，不狠心把孩子的缺点改掉，孩子就永远长不成栋梁之材，所以一定不能溺爱。以前我见过一个孩子，都五六岁了，去幼儿园上学却连鸡蛋都不会剥。因为在家里，他从来没自己剥过，都是父母或者爷爷奶奶给他剥好。

我们这样宠爱孩子的结果是什么？就是家长剥夺了孩子所有的能力。因此，那些溺爱孩子的父母是最残酷的，把孩子所有的能力都剥夺走了，让他没有任何的生存能力。将来当孩子离开父母，他就很痛苦，因为他没有任何生活的能力。

大家一定要记住“爱之足以害之，宠之足以害之”，我看见很多年长的阿姨们，时常会埋怨丈夫什么活都不干，可是她们培养出的孩子也是什么活都不干。所以，她们将来的媳妇也会像她们一样，再去埋怨自己的丈夫什么活也不干。所以说，我们真的要去反省自己。

对孩子，溺爱不仅仅是行动上帮他（她）去干活，还包括溺爱的表情和言语。我的小外甥当年才四岁半，我妹妹一直在亲手带他，因为妹妹非常懂得如何培养孩子的生活能力，所以这个孩子比同龄的小孩会干的活都多，而且做得非常好。可是过年时，孩子在姥姥、

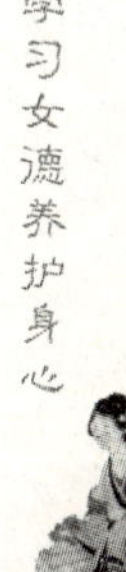

爷爷家里待了一个月，回到学校以后，老师就说他又变成两岁半了。

本来四岁半，看着像五六岁的孩子那样懂事，却又变成两岁半了，为什么？他爷爷、姥姥都说没有宠爱，但是他被言语宠爱了，比如："哎哟，我的小乖乖啊。"言语宠爱是什么？就是告诉孩子"我很小"。在我们的心目中，我们用对待几岁的孩子的方式去对待他，他就会表现出与那个年龄孩子相同的能力。他即使才两岁半，你认为他6岁了，然后以教育6岁孩子的方式去教育他，那么他就能独立做事情，他的表现就会像是个6岁的孩子那样。相反，如果孩子已经是5岁了，你仍然认为他什么事都做不了，不让他干这不让他干那，那么他就是什么事情都做不了。

刘苏老师怎么教育她的孩子呢？她的孩子7岁时要去上小学，刘苏老师就对孩子说："明天报名了，你自己去吧。"小孩说，人家都是家长领着去。刘苏老师就问孩子知不知道自己叫什么，孩子就说出自己的名字，刘苏老师说："你知道自己叫什么，所以你可以自己去报名。"然后刘苏老师把户口本给了孩子，让他拿着户口本直接去报名。他的孩子现在在军队，能力非常强。还有赵老师，她也是在钟博士4岁的时候让他去学校住宿，跌倒了让他自己爬起来。在这样的教育下，才成就了品德高尚，对社会、对国家有用的人才。

以前有一个学《弟子规》的学生，4岁的时候就照顾她妈妈坐月子，什么活都能干。面对这样的故事，我听到有一位母亲说："把孩子累成这样，真残忍。"所以说，现在的孩子多数都是被宠坏了。

我们想让孩子有什么能力，他就有什么能力，而且子女的性格是母亲培养的。有一个母亲带着她的孩子来找我看病，我观察了一下，问她这个孩子是不是脾气很大？她说是。我说："那你的脾气也很大。”她就承认了，她说她的孩子发脾气的时候，那腔调跟她一样。我们要明白，孩子身上的缺点都是我们大人缺点的反映，他（她）全部反馈回来了，他（她）身上的缺点都是我们大人的，一个也少不了。所以，父母不用总想着如何教孩子，只要做父母的把自己身上的缺点改好了，孩子自然会成为一个有品德、人格健全的人。

教儿教女先教己，你想让你的孩子有很好的性格，自己就要有很好的性格。对孩子不能乱发脾气，尤其是他（她）记事以后。我一直都对我的病人说，对孩子发脾气，孩子记住的是你的暴躁，他根本不知道你为什么发脾气。他（她）不知道自己错在哪儿，这样，父母就失去了教育的目的。我们教育的目的是让孩子知道错在哪儿，而不是说惩罚一下他（她）就完了。只是惩罚一下，他（她）还会再犯。不是要让孩子记住你的情绪，而是让他（她）记住错在哪儿，让他（她）深入地剖析，承认自己的错误，这才是真正的教育。

下面有位听课的老师，说她脸上长痘是因为发脾气，有怨气。这种怨气如何转变？只要记住两个字，就是“感恩”。我们有的时候很容易忘事，小的时候，父母为我们付出很多，我们都理所当然，认为他们应该给我们做。同时，身边的人给我们点点滴滴的帮助，我们也很少有感恩过。身边人说一句不好听的话，我们就非常生气，从来没想一下，对方以前对我们的关心和爱护，我们有没有感恩过？一个人不懂得感恩，就是忘恩负义的人，他也很难拥有一个健康的身体。

我们的祖先告诉我们，“受点滴之恩，当涌泉相报”。想想看，我们受过多少人的点滴之恩？我们回报了没有？我们即使没有机会

或者能力回报，我们内心感恩过没有？值得我们感恩的人有多少？感恩都来不及，报恩都来不及，哪来的怨恨呢？知道感恩、报恩，这是人最起码的一个德行。

在家里面，不看别人做得好不好，只管自己好不好、自己做到没有。比如对子女来说，不用管自己的父亲起到好的榜样没有，只管自己尽到了孝道没有。

对于当妻子的来说，只需知道自己做到了柔顺、贞静没有，可以先不用管丈夫做得怎样。为什么？因为德行是自己的。况且，我们只能管住自己，我们还能管住谁？世界上任何一个人都管不住。我们只能是从自己开始转变，才有可能转变身边的人。如果你只能看见身边人的过错，那么你永远不可能转变任何一个人。

我们学习传统文化，最重要的就是回过头来看自己。今天讲传统文化，它的精髓是什么？精髓就是“命自我造，福自我求”。“命自我造”，从去寻找自己该做的本分开始，我们的命运自此就可以转变，这就是学习传统文化最大的收益，我觉得，这也是传统文化最精华的部分。

如果说当时有怨气的话怎么办？那就不要说话。如果我们心里已经开始跟对方对立了，这时候就不要再说话了，因为说出去的话全部都带有怨气，都是伤人的话，这时候最好是离开现场。这时候你也可以听听音乐，从而帮助你转变自己的心态。

修养自己的德行，就要从现在开始。因为如果等我们变老还没有德行，就不能帮助子女营造一个幸福的家庭。就会子女不孝，全家人都没有福报。

妇言，这个言语非常重要。一切的祸端都是从言语开始，一切的好事、美好的状况也都从言语开始。人的言语，就是心里面所想的事，长期为情，出口为言。言语可以毁掉一个国家，毁掉一个家庭，也可以挽回一个家庭，挽救一个国家。一言兴邦，一言丧邦。古人说吉人词寡，躁人词多，就是说，一个吉庆的人语言肯定是少的，不会白费气力多说话，因为言语耗气。说一句话，是真正能够帮助别人才说，只有浮躁的人说的话才很多，喋喋不休。

那么妇女贤和不贤也与声音高低、语言多寡有关。你说话声音太大了，门外面都能够听见，那就不温和。从这个方面来说，妇言声音要温和，声音要适度，不要大嗓门喊。你嗓门大了，听着就像吵架似的，尤其是对公婆、对长辈的时候，更要注意。“尊长前，声要低”，这是《弟子规》的要求。

我有一个朋友看病，一看病况，我问他是不是发火了？生气了？他说是的。因为他的妻子说了两句话，他非常生气，竟然心疼两天了！妻子的话可能太伤人了，但是如果一个人心量宽一些，也不至于生气到这个程度。所以，我认为，我们对自己的家人要关爱。可有些女人会用言语去伤害丈夫，这种言语像毒箭一样。比如让丈夫做事情，丈夫做完以后妻子要感谢他。说什么话都要非常的柔顺、温和，这样，女子的柔顺贞静才表现出来。

一个女人如何跟自己的婆婆搞好关系呢？在背后说人家坏话肯定关系不好，背后绝对不能说任何人的坏话。同样是背后说话，关键看说什么，背后可以说好话，这样最容易让人欢心了。你在背后要多说婆婆的好，婆婆在背后也要多说儿媳妇的好，这样两人关系就能变好。有人说：“我也没有说婆婆的不好啊，她怎么对我不好呢？”我说很简单，你嘴上没有说，可心里在嘀咕呢。你心里面嘀

咕，别人其实是知道的，因为人心都是相通的，谁也不是傻瓜。你心里面的那种怨恨、那种嘀咕虽然表面上没有说出来，但是别人能感受到，所以任何事情都不是能瞒着别人的。待人以真诚，才能得到别人的真诚。

妇人好处，温柔方正，勤俭孝慈，老成庄重；妇人歪处，又懒又丢，这是《女德贤》里面对女子的教诲，告诉我们，心不能凶、不能狠，这样一生才能够万古传名，儿孙才能记得你。

再就是注意不要贪吃、贪睡、贪穿。贪吃各种冷的食品、垃圾食品、海鲜、火锅等，这些都对脾胃损伤很大，导致脸生污垢、痤疮，月经异常。贪睡，比如成天光睡不干活，就容易做恶梦。我说你太懒，然后面色无光，你看长寿的人没有一个是懒的。贪穿，比如乱用化妆品，乱穿衣服。前一阵还讲过，特别是很暴露的衣服是绝对不能穿的。古人一句话“阴容道讳容”，就是说你穿得很暴露，会招惹很多人对你起坏心眼，这样的女子，晚上走夜路就容易被伤害。小孩子也一样，不要穿得太奢华，奢侈之心可能会因此增长，另外也容易招人拐骗。

女子爱慕虚荣是不可能拥有好品德的，也不可能有一个很好的、幸福的家庭。贪小便宜，最后全部都吃大亏。比如说你帮着身边的人贪了不少钱，最后这些还是会失去，甚至会失去更多。所以，女子要以勤俭持家为主。

讲到“贞节”的“贞”字，就是要守身于孝道。一个懂得孝道的人，是不会轻易地做有损于父母，让父母脸上蒙羞的事情的。因为“身体发肤，受之父母，不敢毁伤，孝之始也”，德行都损伤了，父母都没有脸面了。孟子说天下的事情什么最大呢？孝敬父母的事是最大的。我们要守自己的身。守身的意思，也不是说守这个肉身就完了，而是守自己做人的人格、守自己的品行。这也是说教育孩子要有健全的人格、良好的品行，他（她）将来才可能有成就。

凡是感情不专一的女子，她的内心不可能安宁，她一定是非常浮躁，而且将来这些女子的内心会扭曲，心灵会有疾病。所以我们今天的这个社会，要大力去提倡贞操。只有这样，才会拥有真正的幸福。

未婚流产的情形，目前在社会上很多。对于这件事，我在论坛上本来是不想讲，但是想一想，还是必须讲。因为我们每个人都是社会的一份子，社会好不好跟每个人都有责任，我们必须要面对这个事情。要让我们年轻的一代有所了解，真正明白问题的严重性。未婚流产的案例，现在在我们妇产科很多，这些女孩子做完这种手术以后，对她们身心的损伤是很大的。

堕胎损伤肝脾肾脏腑，还有气血。堕胎的女性到老年后，容易患有很多的疾病，而且流产会导致死亡、滑胎、不孕等，甚至在她的心理都会留下一生的阴影，乃至得焦虑症、抑郁症。未婚流产，这个事情是非常严肃的，在中国，婚前性行为会影响到婚姻。现在的离婚率逐年增高，而婚前性行为是导致离婚率增高的一个原因。

有些女子，之所以对婚姻的满意度会降低，对维系婚姻缺乏责任感、缺乏自制力，以致保护婚姻的决心都没有了，是因为她已经很随便了。所以，这个未婚流产是一定要和青少年说清楚的，越是大城市，这方面的问题可能越严重。

父母长辈要真正明白，应教育孩子自尊自爱。流产以后，如果家庭破裂，道德观念会随之下降，犯罪率也会随之上升。男女关系

混乱导致现在的疾病频发也要引起注意。本来淋病基本上已经没有了，但是近些年又开始出现了，而且很多。艾滋病、梅毒等性传播疾病也非常多，目前，我们国内艾滋病的感染率也一直在提升，有报道表明，大学生的感染率也在上升。还有一些同性恋，他们也主要是由于心情、心理异常而导致心理扭曲。

今天我讲的心理疾病，大家很沉重，为什么会有那么多的心理疾病，那么多的压抑、迷茫，不知道人生的方向和价值，就是因为我们做人的标准、标尺的缺失和传统文化的缺失。今天我们来学习这一课，来学习我们的传统文化，不仅仅要把自己的家庭经营好，而且要力所能及地让自己身边的人来学习，来认识并改掉自己的错误，真正明白什么是对自己有害的，什么是对自己有利的。

艾滋病有三种传播途径：性行为、血液跟母婴传播。性行为的混乱是当今艾滋病传播最主要的途径，希望我们在座的家长、学生，一定要对孩子进行相关教育，尤其是要提高孩子自身的修养，重点提升他（她）做人的人格。有没有人格？有没有尊重自己？有没有爱护自己？这个也是我们教育行业、医疗行业同时要做的事情。各个家庭也要携起手来，教育好自己的孩子。不管我们的力量大小，只要我们尽一份力，此生也就无憾了。

预防是最重要的。艾滋病等性传播疾病，已经从特殊人群开始向普通人群扩散了，所以我们现在风气的改善需要每个人的努力，然后还要教育孩子抵制各种黄色的东西，推荐两个网站：一个是中国反色情网，一个反戒邪网。我在大学里面讲过堕胎的课，一个大学生就给我发邮件，问已经堕过胎了怎么办？我说没有发生的事情我们要预防，已经发生过的事情要杜绝不再发生，如果这样一直反复下去，就没有好日子可过了。我对这些孩子们说，对生活要充满希望，社会上没有人不犯错误，关键是犯了错误要改正。“天不加难于有过之人”，自己勇敢地改正错误，将来就会真正拥有属于自己的幸福人生。

我们从一个受精卵开始，然后我们就开始在母亲的肚子里面每天一点一点地吸收母亲的血来成长，慢慢地长出胳膊、腿、脏腑，然后长到六七斤，最后一个完整的身躯出来了。

我的学生就说了，老师你要这样一说，我们岂不都成吸血鬼了。我说对，肯定是吸了母亲很多的血，最后才长成六七斤重。如果今天不行孝道，不孝敬父母，真的是大逆不道。天下任何一个对你说“我爱你”的人，谁肯割六七斤肉给你？但是母亲给我们六七斤肉，我们如何回报父母？母亲和你说一点事，你不认真听就烦了，这不符合孝道；给母亲使脸色，对着母亲说不好听的言语，这不符合孝道；只是给点钱，你没有能让父母安心，这也不符合孝道。

没有孝行的人，儿女会孝顺他（她）吗？这是不可能的事情。我们今天种下什么因，必得什么果。你孝敬父母，孩子一定孝敬你，你孝敬公婆，儿媳妇一定孝敬你。

有些父母总是把好东西都给孩子吃，他们在饭桌上给孩子夹菜，对孩子说：“这个好吃，你快吃。”然而，却没有注重教育孩子爱自己的父母。长此以往，孩子会觉得就应该这样，将来就是父母老了，也应该是自己先吃。想一想我们这样的教育，再想一想我们的孝行，自己的父母在我们心中有多重的分量？想清楚了，我们就知道将来会感受多少子女的孝心。我们报父母的恩德，永远都报不完，这一点也要让子女明白。

控制自己的欲望

父母给我们这个身体，我们没有好好地加以保护，乱发火，搞得身体不好，让父母担心，这不叫孝。家庭搞不好，老跟丈夫吵架，动不动弄到要离婚的地步，这也不叫孝。

我们的身体里，最重要的是经络肾经。母亲怀孕的时候，就是这个肾经来充养婴儿，然后长出五脏六腑、头颅、骨骼，一直到孩子出生前，都是靠这个肾经来充养。我们今天聊男女之间的事情是为了人类的繁衍。

为了创造一个新的生命，父母要拿出身体的精华，就是拿出身体里面最好的东西。如果说男女在一起只是为了一时的快乐，把最好的东西拿出来不是为了创造生命，那么就是在损耗自己的肾经。肾经损掉了，意味着寿命的减短。

比如父母给我们一个煤气罐，这一生就这一罐煤气，这个煤气打开可以烧火、做饭、工作、学习、做事业。这个可以固存煤气的肾经，还可以用于创造新的生命，但是如果每天都在损耗的话，你体内的“煤气”会越来越少，最后这罐煤气就没了，生命也就终结了。

自古以来，除了少数几个，皇帝的年龄很少有超过30多岁的。男子二八的时候会遗精，女子二七的时候会来月经，这时候青少年的性教育是朦朦胧胧的，我们一定要教育他（她）。如果这时形成手淫等习惯，他的肾经就会被从五脏六腑里面掏出，肾经向下漏掉了，这个孩子智力就下降了，学习成绩会一落千丈，身体的素质也就不好了。为什么？因为肾经充养骨骼、充养脑髓，没有肾经往上充养，全部漏掉，那么这个孩子的记忆、学习乃至身体的骨骼就会全部下滑。

古人说男子是三十而娶，女子是二十以后再嫁，否则阴血就破掉了。就像一个小幼苗一样，还没有长大的时候你就把他（她）的筋骨抽掉了，他（她）就不能再长大了。

将来年轻人施展抱负也是靠肾经，你熬夜了，就没有精神没有力量了，这个都与肾经有关。伤经以后，两眼会发黑，毫无斗志，工作能力、学习能力、体质全部下降。现在青少年手淫的情形很多，纵欲伤经，一开始是头晕失眠记忆力减退，后来可能是精神失常。肾经损伤，还可能会导致多种炎症等疾病。这种事情自古以来都有，中医书上有很多，其他医学书上也很多。

我记得网上有一个孩子，他小学的时候成绩非常好，是班里的前几名，足球也踢的棒得不得了。之后，就因为上网看黄色录像，然后出现手淫，开始伤经，但他根本不知道。后来，学习成绩一落千丈，在球场上也根本跑不动了，最后被迫辍学。身体从十几岁开始到二十，个头不长了，刚长到一米三四的时候就不长了，因为肾经全部亏损了。五脏六腑的功能也下降得非常多，他自己在做出错误的事情时，没有家长、老师也没有外人帮助他，所以导致这样的结果。这在西方的观念里认为是可以的，老祖宗却告诉我们这样绝

对不行。

我们真的要抵制这些黄色的书籍和网站，要警惕这些。如果壮年人犯这方面的错误，他容易患高血压、糖尿病或者其他的疾病，中医上称为劳复。各位女同志，如果自己的老公生病了，当生病刚好或者从外地刚回来很劳累的话，绝对不要有房事，否则伤身体伤得很严重，这个在古书上都有说明。

面对青少年出现这样一种现象，我们要以体谅的心来面对。因为他们心里很郁闷，很压抑。一个是学习的压力很大，再一个就是他对人生的幸福和快乐体验非常少。他不知道人生的幸福、快乐在哪里。现在很多孩子都是每天吃着好吃的，穿着父母给他们提供的好穿的，但他们却没有幸福感。

因为自身有困扰，再不加以引导，他（她）就不知道自己的本分，不知道孝敬父母。一个真正懂得孝敬的人，一个真正懂得孝敬的孩子，他知道孝敬父母才是最大的幸福，才会获得最大的快乐。

我们这个社会，自私自利的人很多。我一直和刘苏老师在讨论，人生的快乐在哪里？大家可以去体会，什么是真正的快乐。这时候，我们就要讲到人生的价值了。我们要给孩子们说说，人生的价值是什么，人生的本分是什么。首先，孝敬父母是本分。

然而，很多父母都是这样教育孩子，告诉他学这个将来能上大学，学这个将来能找个好工作，学这个将来能赚钱。然而，价值不等于价格，我们不能够拿每个人每年的收入作为他（她）的价值衡量标准。

人生的价值在哪里？人生的价值，在于这一生中有多少人需要我们。我们活着的时候，多少人需要我们，这才是我们的价值所在。13亿老百姓需要总理，就是总理的价值。几百万人需要市长，就是市长的价值。一个家庭需要一个母亲，这就是母亲的价值。

我们的孩子，这一生中能被多少人需要，能够服务于多少人，这就是他（她）的价值。你拥有再多的财产，最后也是一闭眼，撒手人寰，拿不走一个。古今将相今何在？坟冢一堆草没了。古代的皇帝，我们记得住几个？凡是被我们记住的，都是名垂青史的人，都是给老百姓作出贡献的人，因为老百姓需要他。

那我们的孩子，他们的人生价值是什么？一个国家总理，一年有多少收入？他的价值能和他的价格等价吗？我们的孩子将来的价值有多少呢？我们想想，我们自己一个人就这样走过了一生，价值又有多少？这是值得我们去反省的事情。

我学习传统文化有十年了，最大的收获是什么？我说我不学传统文化，我一生就过得稀里糊涂，浑浑噩噩。我学习了传统文化，我明白这一生该怎么走，也明白了我的人生价值是什么。过得很明白了，过得很清楚了，我觉得学习传统文化以后，就不再有那么多迷惑的问题了。

世间人不会看一个人拥有什么，而看他留下什么。人生的价值在于有多少人需要我们，这也是人生的乐趣。

孩子找不到乐趣，找不到本分，找不到孝道，那么他就会受到不良环境的熏染。因为好奇、好玩的心态，导致了种种的不良行为。这方面的例子，大学生中也非常多，这说明他（她）心里面很苦闷，他（她）想搞清自己人生的方向，反而被这些不好的东西迷惑，结

果更加不清楚了。我们要去爱护我们的孩子，至于怎么去爱护，这才是更重要的。

家长要及时发现，比如孩子上厕所很频繁，在厕所里面呆着不出来，必要的时候可以让孩子喝点中药进行调理。“欲不可长”，欲望是不能纵的，如同穷凶极恶的恶是不可作的一样。青少年节欲的方法，就是要用传统文化告诉他（她）做人的本分，包括我们整个《弟子规》的学习。心念的纯净对他（她）非常重要，然后树立他（她）做人的正确理念。每个人都有做人的人格，都有一个标尺，什么事情该做，什么事情不该做，不能随波逐流。

不是说社会上的现象都是好的，一定要有一个判断是非善恶的标准，正确判断什么对我们有利、什么对我们有害。只有帮助孩子把正确的观念树立起来，父母才可以放心。一旦树立起来正确的人生观、价值观，孩子以后的发展父母就不用担心了。

睡觉的时候被子不要太暖和了，不要让他（她）趴着睡觉，不要让他（她）睡懒觉。“饱暖思淫欲”，睡得太饱了，没事容易乱想，一定要让孩子早起。曾国藩先生说，一个家族能不能兴旺，就看家里的孩子 6 点钟起床没起床。然后，要看他有没有读圣贤书。我们的赵良玉老师，她如何教育她的儿子呢？每天早上 5 点钟她就拉着儿子去跑步，磨炼他的意志。

早晨起来，就要让孩子做事情、干家务，因为孩子也是家庭的一分子。既是家庭的一分子为什么不干活？对家里没有任何贡献，凭什么在家里白吃白喝的？现在有些家长，不管孩子有没有为家庭做些力所能及的事情，还让他（她）穿最好的、吃最好的，这其实是消孩子的福，父母消了孩子所有的福分，将来孩子就没福分了。

我在北京有一位非常好的阿姨，是忘年交。她的丈夫以前是外交部的一位官员，她儿子从小到大没有穿过一条新裤子，没有买过一双新鞋。为什么？就是为了培养他的勤俭。她儿子 4 岁的时候就能够缝鞋，很孝敬父母，长大也很有出息。出国留学回来非常孝敬父母，真的很勤俭。让孩子干家务活，就是帮助他变得更勤劳。这个孩子也没有觉得自己是高干子弟就多么傲慢，从来没有。所以今天我们让孩子早起习劳、读书上学，两者不能偏废。

另外，顺便还教给大家一个节欲的办法，不管老年人还是年轻人都可以去学，老年人学了这个办法可以避免老年的尿频、大便失禁。很简单，就是吸气，提肛入肾，然后过一会儿呼气的时候呼下来，在有欲望的时候呼吸 20 多下就行了，大家可以试一试。吸气，然后下来，这是道家的固经法。其实肾经的精华都是人的潜能，是生命的能量，那个能量你如果能够封藏好，那么你就有精神有体力，你做事情肯定很厉害。平时像男的可以多做倒立，使精气上达，白天可以劳动，使精气布满全身。让孩子少吃肉食，因为肉食里面激素非常多，另外少吃鹌鹑蛋和鸽子蛋，鹌鹑蛋和鸽子蛋会增加欲望，而且会促使孩子早熟。有的孩子吃这些东西，两岁的时候就来月经了，还有的小女孩几岁乳房就发育了，这就是现在肉食里面激素多，而且像鹌鹑蛋、鸽子蛋里面的性激素太多，所以一定要在饮食上注意。

保证睡眠的姿势是要侧卧身，不要仰卧，这是固精法。

最后，给大家说一个例子。在曾国藩的家书里面，他的弟弟得

了很严重的肝病，见到人就发火，遇到事就忧患。曾国藩非常焦急，就对他弟弟说，你这个病不是吃药就能够治的，你现在要把万事看空，千万不要恼怒，然后病才能渐渐减轻。就像现在你心里面的怨恨，这些恼怒、怒气，它像一条毒蛇一样咬着你的手。真正的壮士会赶快拿刀把自己的手砍断，因为唯有这样才能保全生命。他说，兄弟若想把病治好，能够生存下来，就要把自己的恼怒像毒蛇一样赶快赶走。我们很多不良的脾气，就像我们吃了毒药一样，这个东西你自己不去拔出，靠外用的药，是没有用的。

在这封家书里面，有谈到"降龙伏虎"。大家知道，贴的对联有降龙伏虎的罗汉。这个龙其实不是说外面的龙，这个龙就是自己的邪念，就是自己的欲望，这个虎就是自己的火、自己的脾气。在这方面，圣贤的人是能够充分治愈的，因为他们能够降服自己的脾气，使这个肝火平下来。能够降服自己的欲望，你的肾经、肾血就不会丢失，这样才是真正的降龙伏虎。这是曾国藩所讲的降龙伏虎，放下自己的坏脾气，去掉自己的贪心和欲望，真正地尽自己的本分去改过自新，有利于身边的人。

如何生养出一个健康的宝宝

生养一个健康的宝宝，是每个家庭的愿望。在没要孩子之前，男性要清心寡欲养经，否则你的肾经就会太薄，就是说，去创造一个生命，那么你就要养精蓄锐，把自己的精华养得非常深厚，这个孩子的身体才会健康。女的要平心静气养血，不能发火，发火的话你的血液会丢失掉，这样孩子的身体也不好。最后双方调养起居，最少是三个月禁房事然后再要孩子，否则你孩子身体不好，那就是一辈子的事。半年当然最好，而且房事要避开一些时间，比如有些节气、雷电的时间，还有一些忌日等等，这方面大家可以参看《寿康保健》这本书。怀孕的时候，不要吃任何的飞禽走兽，这些对孩子的影响都非常大。

另外，中国的胎教是针对母亲的。胎儿在母亲的体内处于催眠状态，你高兴胎儿就高兴；你忧郁，胎儿生下来就有忧郁症；你发脾气，小孩生下来脾气也很大；你心情非常平和，孩子心情就非常平和。在怀孕期间，应完全避房事，就是说怀孕期间要分开，如果不分开的话，女子会动欲望，动欲望之后，将来这个孩子长大后就会寻花问柳。因为你给他的胎教就是这样，他的性情就不是那么纯正了。怀孕以后分房，古代帝王都知道，皇后一怀孕立刻分到偏宫去，就是到另外一个地点居住。

自己看的东西也要谨慎，非礼勿视，非礼勿听，非礼勿动，要看圣贤书、听古典的音乐，心情要愉悦，千万不要看枪战影视。然后，就是喜怒哀乐要谨慎，言语都要非常的端正。古代帝王的胎教，母亲坐都不敢坐歪，就是为了让孩子有浩然正气。怀着孩子还怨恨别人，这样，孩子有可能心脏就不太好。

所有这些，怀孕期间都应该非常注意，因为孩子在母亲体内是与母亲同喜乐、同悲忧、同胆量的。换句话说，你给他催眠催成什

么就是什么，所以胎教是非常重要的。而且孩子生下来以后，母亲和孩子一定是神气相合，母子连心。你心情不好，孩子也一定心情不好，你发脾气，孩子一定难过。

家庭对孩子的影响很大，即使孩子出生以后也是这样。而且，主要靠的是心灵感受。你心里想的，孩子一定都能够感受到，母亲的怨气、母亲的嫉妒、发脾气，孩子全部都能感受到，而且他（她）全部都接受，因为他（她）没有办法不接受，他（她）跟你是一体的。所以千万不要对着自己的孩子说："你爸爸这点不好，你奶奶那点不好。"在孩子面前，母亲最好是讲："你的爸爸如何如何的好，你的爸爸如何如何的辛苦。"这样，让孩子树立起尊重父亲的意识。"你的奶奶如何的好，你的祖先是多么好的品行，你不能辱没祖宗。"这些都是母亲对孩子的正面教育。

父亲也要教育孩子："你的母亲多么的辛苦。"就是说，夫妻俩要同时这样去教育孩子，这样，孩子对父母就会升起感恩的心、回报的心。对自己祖先的德行进行赞叹，孩子一定会说："我不能辱没祖宗。"这是非常重要的，一定不能说那些不好听的话给孩子听，那就害了孩子了。孩子是一张白纸，被怨恨之气侵蚀就麻烦了。这些，就是胎教方面的大概内容。

第三篇

传统文化理念拯救家庭

傅冲老师： 毕业于上海戏剧学院表演系，多才多艺，演艺精湛，曾出演多部电影、电视剧，特别是在《共和国往事》、《红十字方队》中担任女主角，深受观众的喜爱。

我对于中国传统文化的落实并不是很好，虽然学习了些传统文化，但还有很大提升的空间。真的是这样的，不是谦虚，我现在学一两年了，大家叫我老师，我都感到惭愧。我只是刚刚学习女德、只是传统文化的初学者，但是我愿意用我的亲身经历来为大家讲解自己的体悟。

很多人都有一个习惯就是互相埋怨，其实要想改变家庭的命运，甚至是社会、国家的命运，应该从改变自己做起，这个非常重要，这是我近两年学习传统文化得到的一点心得。如果我们认识到自身

毛病的时候，不管是家庭问题也好，子女问题也好，还是夫妻问题也好，这些问题都将得到缓解，甚至能够很快得到解决。因为这几乎都是因为自己没做好才导致的。当您能认识到这些时，您的幸福人生就开始了第一页。

如果没有学传统文化，没有认识到刚才我所说的那些心得的话，我还会继续过着悲惨的人生。因为这都是我走过的历程，我心里仿佛有一面小镜子，以前我这面小镜子都是照着别人，我爸怎么样，我妈怎么样，那个朋友怎么样，总是发现别人的缺点，总是认为自己很好，所以心里全是不如意，全是恨、怨、恼、怒、烦。以前，我认为，作为一名影视演员，通过自己的努力，凭借自己的本事，我把自己的事业做得很好，能够自强自立，这跟任何人都没有关系。但现在我发现，其实不是这样的，我那个时候很愚蠢。我感恩过老师，但没有感恩过生我、养我的父母，没有感恩过我的领导，没有感恩过我的朋友。

江本胜博士写过一本名为《水知道答案》的书，书中告诉我们：我们的一个善念，会使我们身体的水细胞都变得美丽，继而存有善念了。相反，因为你的一个恶念，你身体的水细胞也变恶了。我以前不懂这些，经常因为他人的过失而动怒，甚至心生恶念。这两年通过学习传统文化，学习女德，我觉得自己的面相慢慢变得好了。

女性都爱美。因为我是影视演员，我想，关于如何保养自己，我更具有发言权。女德是呵护自己、保养自己的最佳营养品，真的是这样。我们女人在这个世界上有多种身份，为人女，然后为人妻，又为人母，还有很多女领导，还要为人的领导，我们的身份有很多种。

有一位有智慧的老师这样说，你们知道什么是一个做女人的样子？什么是一个做女儿的样子？什么是一个做儿媳的样子？什么是一个做妻子的样子？什么是一个做母亲的样子？如果我们没有学习传统文化的话，可能大家都很难回答这个问题，我以前就答不上来。

我们生活在这个世界上，每个人就像汽车一样都有自己的道路要走，这是自然规律，我们称之为“道”。爸爸妈妈生养了我们，我们称他们爸爸妈妈，这没有原因，自然应该这样称呼，这就是“道”，是自然规律。

那么我们女人的“道”是什么呢？关于这个问题，我想我们可以了解一下谷爱林大嫂是怎么做女人的。每次听她的报告，我都能有所收获。作为亿万富翁的太太，他们的家庭那么和乐，把三个孩子教育得都很好，家庭和事业都顺风顺水。因为她一直按照“道”在做事情，她经常跟我分享说：“傅冲老师，我在做女儿的时候顺着爸爸妈妈，为人媳的时候就是顺着公公、婆婆，顺着丈夫，没有别的，就是顺。”即使丈夫带着情绪回家，对她说话时语气恶劣，她仍能体谅丈夫，让自己心态平和。每次见到谷大嫂，她总是满面红光，好像从来不知道累。谷大嫂在自己家的公司里也是个领导，但回家后就会做好女人应该做好的每件事。

男人要走男人的道，女人要走女人的道。如果你要步行在高速公路上，恐怕早晚都会撞车，因为人应该走人行道，我们应该找对自己的位置。中国的古圣先贤早在几千年前就把这些道理写在书上了，他们特别爱护我们这些后代，把他们总结的经验告诉我们这些子孙，让我们趋吉避凶。因为我们心善、行善、言善，走在我们女人该走的路上，就会夫妻和睦，家庭幸福。

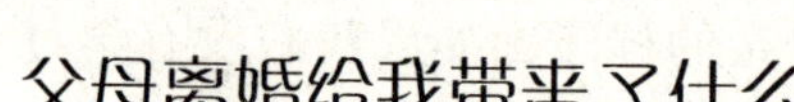

在我4岁的时候，父母离婚了。现在我的父母也都学习了传统文化，他们都说，如果早知道这些传统道德的话，他们是肯定不会离婚的。妈妈也说："以前不懂怎样才是一个做女人的样子，不懂怎样是一个做儿媳的样子，也不懂怎样做母亲。"她以为给孩子吃穿，天天呵护孩子就是对孩子最好的照顾。其实错了，养儿女的身体很重要，但是养他们的心更重要。

我母亲是家里的老小，但长得非常漂亮很任性、很傲气。后来，母亲做了文艺工作，在很多人的羡慕和赞扬下，她变得更加傲慢了。我父亲是高干子弟，两个人都自以为是。其实，很多人都有自以为是的毛病，觉得自己最好。所以，在此我要提醒那些父母们，千万注意，不能助长孩子的骄慢心，因为一旦有了这种坏习性，就很难再改掉了。

我父母就是这样，结婚以后两个人就谁也不让着谁了。生活中哪有不产生矛盾的呢？但他们总是因为很小的事情大打出手，骂着骂着不解气了，就互相伤害对方。我父亲脾气暴躁，经常动手打母亲。那个时候我还特别小，一两岁的时候就有这种记忆。

因此，我要对身为父母的人说，别以为自己的孩子才几个月，或者一两岁，就以为他们什么都不懂，其实孩子什么都能感受的到。

现在，大城市有50%以上的离婚率，80后是结婚的主流人群，90后都已经开始结婚了，所以要学习怎么为人夫，为人妇，不能草率结婚或草率离婚。我有一位朋友离了8次婚，这是一种没有责任心的表现。有些父母，对孩子、对自己的家庭都不负责任。我就是深受其害，因为父母的言行影响着我。孩子一睁开眼睛看到这个世界的时候，就开始记录父母的一言一行了，他就像一个小录像机。身教胜于言教，父母每天在说要孝敬爷爷奶奶，可是如果父母没有做到孝敬老人的话，也是没用的，因为孩子是看着大人行动长大的。相反，如果父母孝敬老人，对老人恭敬，那么孩子肯定也会懂得孝敬长辈。

我以前有爱记仇的毛病，而且气量比较狭小，特别是脾气比较暴躁，这跟小时候成长的家庭环境有直接关系。因为我父母的脾气就是那样暴躁，他们没教我，但是我学会了。我还有一个特质就是非常忧郁，家庭不和的孩子，都会有这些现象。不光是离婚才会对孩子造成伤害，有的父母吵了一辈子，打了一辈子，一样也会对儿女造成伤害。

记得一两岁的时候，我经常做恶梦，"嗷"的一声惊叫，然后就醒了，这种事情不应该发生在小孩子身上。我父母知道我经常做恶梦，知道这孩子肯定是平时因为受到他们的刺激了，但是由于他们的脾气太坏，每次发生口角的时候又忍不住，每次都打，这一打我就更加恐怖，从而胆子更小了。

我长大以后，二十几岁得过忧郁症，但是我不知道是哪个时候种的种子。科学家也说过，种子遇到适宜的气候才能结果。这颗种子在我小时候就种下去了，后来虽然没得严重的抑郁症，但还是很

痛苦的。

古代祖先十分讲究胎教，就是因为母亲的一言一行都影响着孩子，哪怕是还在母亲肚子里的胎儿。

看到我这个样子怎么办呢？父母其实也很爱我，就决定赶紧把我送到长托幼儿园。虽然那时我的年龄还不够入长托幼儿园的标准，但还是被送到那里了。一个星期接一次，他们觉得我跟他们接触的少了，性情就会好一点儿。但我的父母错了，儿女的心和父母是连着的，他们在家心情不快乐，我在幼儿园也会感受到的。进到幼儿园以后，我记得自己没有快乐过一天，永远处在担忧中，虽然我也不知道为什么担心。

那时，我有两件小法宝：一件是我的一个小椅子，小椅子放在幼儿园里的一个墙角那儿，我就坐在那儿待着，那是我的地盘；还有一个是我妈妈给我的手绢，叠在我的胸口，我没事就拿着那个手绢闻。这样，我就会觉得妈妈还没有离开我。那时我天天在想什么呢？我想爸爸妈妈是否又吵架了，发生口角了？

其实很多爱起争执的家庭，孩子都过于早熟，我就是特别早熟的孩子。我基本上没有所谓的童年。有一些家长跟我说："我的孩子特别懂事，我虽然离婚了，但是我女儿很懂事，不像傅老师你说的那样。"我说："很可能你错了，可能你女儿那是假象。"我就是那样，因为家庭已经这样了，孩子心灵已经受到重创了，知道已经不能扭转父母的局面了。孩子知道说什么也没用了，就不怎么说话了，而且对父母很失望。这时，孩子会像我这样比较忧郁，而且过于懂事，那种懂事不大正常。看着母亲天天那么不开心，就不会再给妈妈增加其他的负担了，所以过早就懂事了。

我心里当然愿意他们和好了，但是这个小小心愿没有达成，他们依然吵，依然打。我非常担心母亲，因为我怕我父亲性格暴躁，哪天再失手把我的母亲打坏了。所以我的情绪就寄托在吃上面，我从小就是肥胖症，很肥很肥的那种，脸像肉包子一样基本上看不见鼻子，吃得特别多。现在我跟很多孩子们接触，因为我挺想帮助他们的。我就在想，这些特别爱吃的孩子，特别多动的孩子，特别不听话的孩子，还有那些特别忧郁的孩子，多少都跟父母不和有关系。

父母都愿意对孩子好，真正的好是什么？真正的好是家庭和乐，吃糠咽菜都无所谓，如果家庭和睦，那是对孩子最大的好。我父母那时候不懂得这个道理，也知道要好，但是没办法。

最后他们打了好几年，终于闹上法庭，在法庭那天，我还出席了，因为法官实在是判不了，官司打得很艰难。那时候我爸爸坚持不离婚，他知道离婚对孩子不好，我妈坚持要离，所以有点难为法官。而且爷爷当时还是高干，他们碍于这个面子，把年仅 4 岁的我带到了法庭。对于这个事情，即便父母没有学习传统文化，但也耿耿于怀，说那么小的孩子把她带到法庭多不好啊，这会给她留下一个什么样的印象啊！

其实父亲的想法是对的，但是妈妈没办法，她想让孩子说所谓的真话，就是要我以后跟着她生活。就这样，我去了法庭，那天坐在中间的审判长问我："孩子，你愿意跟着你妈妈过，还是愿意跟着你爸爸过？"我虽然小，但是我都明白，所以我没有回答他。我就偷偷地看看爸爸，当时爸爸坐在后面，爸爸用特别期待的眼神看着我，我明白他的心。但是妈妈很有把握地抱着我，大家也都能读懂母亲

的心。后来法官又问了我一次：“小朋友，你要跟谁?”我实在没有办法，用很小的声音说跟妈妈。我也很爱爸爸的，后来我偷着回头看了爸爸，爸爸真的很失落，像泄了气的皮球一样。

之后，法官就宣判他们两个正式离婚，这时我就突然冒了一句：“妈妈，什么叫离婚啊?”当时法庭鸦雀无声。半年前，爸爸跟我谈起这个事情的时候，对此还耿耿于怀。但是他学习传统文化后，现在已经好了，现在他们两个人之间的矛盾已经化解了。但在当时，他们就是在这种情况下离婚了。

离婚后，我母亲的生活可想而知，一个女人在那个年代是多辛苦。她到现在都没有嫁人，真的是守寡一辈子。

我妈妈对我的教育比较偏激，因为她没有受过中国传统文化的教育，还不知道怎么教育我，只知道让我做个好人，做个善良的人。但是我的性情发生了很大的变化，我的仇恨心理与日俱增，主要是恨我的父亲，恨这个家族。我把生活上的一切困难，一切不如意都推卸到父亲身上。妈妈有时候也这样唠叨，一方面我很反感她这样的唠叨，一方面她这样的唠叨也扎根到了我的心里。

所以我当时就想，我现在经历的这些不幸都是因为我父亲，我以后一定要替我母亲报这个仇，但我不知道怎么报。我就是这样想的，因为我觉得妈妈太可怜了，我那么小“就想报仇”，那么小的孩子就有这种恶念。

真的不可以这样教育孩子，但妈妈不知道这个道理。因为妈妈望女成凤，我也想争口气，想让爸爸这边的家人看看。于是我考上了戏剧学院，我就觉得自己了不得了，因为考上戏剧学院就是明星了。而且我上大学第一年就勤工俭学，没用母亲的钱，我就觉得自己成为大人了，我有能力做一切事情。有一次父亲发出邀请，让我去北京看望他，去北京看望爷爷奶奶，我都拒绝了。

我终于读懂了“孝顺”的含义

在我上戏剧学院以后，我还是去了北京。不是因为我要去对爷爷奶奶报恩，不是去孝敬他们，而是抱着一种仇恨的心理，想去给他们看看，看看我妈终于把我养大了，而且养得这么好，养得这么滋润。是想告诉他们，没有你们，我照样能长大，能够健康地活着，而且活得比你们养我的时候还好。就抱着这样一个心理，去了以后我就天天找茬，可总也找不到茬，因为他们对我太好了。他们天天换着花样给我做吃的，给我钱还送给我礼物。

有一天，我终于找着茬了。那天我回来晚了，爸爸关心地对我说：“你一个女孩家，回来晚了要给家人打声招呼。”我就说：“你有什么资格管我？”我小时候是特别内向的孩子，不怎么说话，但到了戏剧学院以后，有恩师训练我的嗓子、训练我的表演，所以我就很大声地朝父亲吼。我那时声音特别大、特别洪亮，而且嘴皮子特别利索，我把我爸数落一顿，我爸在那儿就傻了。他脾气不好，但是当时他一直忍受着内心的痛苦。这时我也没有心软，我想要把他的火给激起来，最好让他打我，这样我就能够弄得翻天覆地了。于是我就更加放肆，还说脏字，最后父亲忍无可忍，

他说："这是你母亲教你的吗?"我说："是，又没花你一分钱。"最后父亲实在忍受不住了，气得打我，他的拳头还没有伸出时，我的脚就踹过去了。父亲对女儿是不可能出手太重的，但是我却用了很大的力气，因为积累了十几年的恩怨这一刻全都踹出去了，所以当时踹得我父亲挺严重的。我看他紧跟着往后退了几步，然后我紧接着就开始表演，我歇斯底里，连哭带叫地把家里人都喊出来了，爷爷奶奶看着那一幕特别伤心。现在爷爷不在了，我真的很悔恨自己当时的行为。我现在会想，我要是爷爷我会是什么心理，都是我的孩子，我的儿子和我的孙女，他们两个打起来，让老人家怎么说，怎么劝。

所以没学传统文化，真的挺可怕的。我想在这里向爷爷表达我的忏悔，我相信他在天之灵能感受到我的悔过之心。

爷爷是1955年授衔的老将军，是跟毛主席一起为新中国的成立奋斗过的人。记得他曾经跟我说，他曾跟陈毅将军解放南京、解放上海。爷爷是因为心脏病走的，我想可能是因为被我们气的。我妈妈那时候也有高血压，心脏也不好。但是现在，她的身体挺好的，没有了高血压和心脏病。我想这也是因为我好了的缘故。爷爷奶奶走的时候，我都不在身边，他们其实很想再见我一面，可是那时我就是想报复，所以没有圆老人家的心愿。

我所有的不情愿、不高兴以及一切的烦恼，都是从自私自利中来。很多的老师和领导见到我第一句话就是："傅冲，你真漂亮。"我想这其实都是夸我的父母，没有他们就没有我，父母的养育之恩我一生一世都报不完。

但是以前我一点感觉都没有，竟然觉得是他们把我给害了，如果没有他们的话，我会过得更好。我父母离婚后，我父亲又结婚了，由于他的坏脾气，第二个妻子在他们的小孩 4 岁的时候也跟他离婚了，父亲特别地懊恼，特别地沮丧，他很认命。在第一个孩子 4 岁时离婚，又在第二个孩子 4 岁时离婚，而且两个小孩都不认他。

我的职业是演员，在国内有一定知名度，我的收入不低。我的妹妹呢，她很小就进了科技大学少年班，智商超群。我继承了我父亲良好的形象，我妹妹继承了父亲的智商。妹妹长大后，考上了美国的医学博士，毕业以后收入肯定也很高。两个孩子都特别的优秀，可是没有人奉养我们的父亲，我妹妹到现在也没有理过我父亲。

但是我现在回头了，不怨恨父亲了，父亲心里宽慰了一半，可是我知道，他的心还有一半悬在那儿，他盼望我的妹妹也能回来。我每次在讲座的时候，我都呼唤我那个妹妹，希望祖宗保佑吧，保佑妹妹上网能够看到视频也好，看到碟片也好，能够回到我父亲的身边。

我想跟妹妹说几句话："妹妹，你没有见过我，但你知道我，因为你出国的时候，我听姑姑说你还带走我的一张照片。现在你姐姐学习传统文化了，知错了，以前我和你的想法一样，记恨我们的爸爸，其实不怨他。我们年轻，我们可以重新开始学起传统文化。父亲现在很可怜，他不需要物质上的帮助，他只有一个小小的心愿，就是希望女儿不要记恨他。"

前一个月父亲还在电话里告诉我，我的妹妹怎么怎么好，怎么怎么聪明，说妹妹当时要考医学博士，而在美术方面也是个天才，美院也要接收妹妹，妹妹考上了两所大学。父亲特别引以为豪，说

他的女儿在医学方面那么有成就，在绘画艺术方面也有天分。因为父亲绘画也非常好，妹妹继承了他这方面的特长。我经常宽慰父亲说："爸爸你相信，我的碟片，我的呼唤，在网络上早晚她都会看到的，她一定会找你，你放心好了，她现在一定是工作很忙。"天下的父母都是一样的，他经常问我，前一个月还在问我有消息没有。我知道是什么意思，我都不敢回答他这个问题了，所以希望妹妹早点回北京看望父亲。父亲的年龄大了，我们做儿女的，应该满足他老人家的这个心愿，别到了子欲养而亲不待的时候才后悔。我现在对我们的爷爷奶奶就有这样一种忏悔。

每次说起这些，其实不想哭，但是确实是自己做错的事太多了，包括对自己的母亲。对父亲怨恨吧，人家说还有情可原，因为父亲有对不起你的地方，可是母亲把你含辛茹苦养大，你怎么还不孝顺呢？我真的不孝顺我的母亲，母亲对我太好了，她之所以没有再结婚就是怕我受委屈。可是我把我母亲对我的这份爱当成了负担，她对我的吃穿都特别照顾，现在也一样。她在学了传统文化以后，可能稍微放下了一点点，不会对我那么牵挂，但是我在她眼里永远是长不大的。

在我没有学习传统文化，特别是没接触女德以前，对母亲经常出言不逊，因为她很唠叨。母亲对我的吃穿住行都要管，当时我不认为这是母亲对自己的爱，于是成为我生气发火的理由。母亲经常做一桌子菜，我都说她浪费，这个菜咸了，那个菜淡了，会挑出一大堆理由。她稍微管我一下，说不要剩饭，我也会发火。任何事情，只要她一出口就是错的，我就有十句话等着她，不把她噎得上不来气，我就不罢休，我觉得她太烦人。所以，母亲经常偷偷地哭，我和母亲的战争一直不断上升，后来总是吵、骂，我甚至觉得母亲有精神病、不正常。

我现在也听好多年轻人说自己父母有精神病，我都特别后怕，我就觉得太可怕了。因为生我们、养我们的人，对我们恩德最大的人，天下只有父母，他们对我们的爱是无怨无悔、不求回报的。你连自己的父母都不感恩，不但不感恩还要忤逆父母，你说这种人到了社会上会是什么样的？

以前我在工作岗位上，经常会遇到很多不顺心的事，于是我就脾气暴躁，看谁都不顺眼，很多事都能引起我的不满。我在剧组里经常犯错误，有次还对导演出口大骂，都到了这样的程度了，就是“五伦”当中的“君臣有义”，我根本没遵守过。

父母把我们拉扯大，从来没有给我们提过条件，可是我们长大了以后，就把父母对我们这一切恩泽全都忘了。老祖宗也说“人之初，性本善”，“本性难移”。什么叫本性难移？我们善良的本性其实是难移的。只是我们这个坏习气，把我们这个本性给掩盖住了。那个时候，我对父母再不好，我爸爸妈妈还经常夸我说：“莎莎是一个最善良的孩子。”这就是父母。如果我不回头的话，真的是天理不容。

我讲一讲我是怎么回头的。可能是老祖宗积德吧，古人说：“积善之家，必有余庆；积不善之家，必有余殃。”我们经常说这个家积德了，爸爸妈妈是好人，儿女也会享有福报，真的是这样。我们家祖上积德了，我学习了传统文化，我努力学习怎么做女人。我学了以后发现自己还是没能做得很好，女儿也应该有《女儿道》，姑娘有《姑娘道》。什么是姑娘道？就是要像棉花一样，性如棉，又洁白又

温暖，是爸爸妈妈的贴心小棉袄。柔和、柔顺，顺着父母，这是一个姑娘应该行的道。

后来我有病、有灾、有殃，我还得过严重的忧郁症，也想过自杀。都说“上天让你灭亡之前，必先让你疯狂”。最后我就疯狂了，我变得非常傲慢，非常不可一世，所以灾难就来了。那时我没有一个好的人际关系，没有人愿意来帮我，我就觉得只有自己好，自己对，没有一颗谦卑的心。

谦虚还不够，还要卑下。因为道在低处，水也在低处流。女人，就是要行水之道，大地母亲是我们的道。像大地母亲一样，她包容万物、孕育万物，她的心非常宽广。当时，我的心却比芝麻粒还小，连对自己恩德最大的父母，我都忤逆他们，我不知感恩。

当一个人只想着自己，不懂得宽厚，不懂得行在大道上时，很多灾难就来了。没有人再找我拍戏了，因为我的德行太差了。其实，本来我是很幸运的，大学一毕业就拍了《红十字方队》，还是在中央一套播出的电视剧。人家都说你命好，在中央一套播放后，收视率还挺高的。然后我就一部戏一部戏很顺利地拍下来，于是觉得自己了不得了，开始对他人指手划脚，然后剧本看不上，对剧组也要骂上几句，看不上剧组的演员也要骂几句。觉得导演也不行，这不行那也不行。其实今天反省一下自己，才发现，其实就我自己最差了，天天想着名和利。

所以我要叮嘱一下年轻人，你在没有智慧的指引下，你会走向灭亡。

在掉下深渊的那一刻

我在掉下悬崖之前还算悬崖勒马了，不然真不知道自己会有怎样的结果。我周围的同行们，我真的看到他们这样掉下去了，很可怕。心灵的堕落是最可怕的，因为迷失了自己，就觉得做演员要怎么怎么好，还名利双收。其实他（她）不知道，这个过程中有多大的淘汰概率，因为我们演员永远是千军万马过独木桥，就连我们的考试也是一样。

所以，做演员并不像我们想象的那么好，所有人应该有一个冷静的头脑对待这个职业。因为现在影视很热，我不是说不让大家从事这个职业，从事这个职业当然好，但是不要再走我的弯路。清华大学的校训之一是“厚德载物”，这个“物”我们的老祖宗叫做“福报”，就是你的金钱、你的地位就是你的名气，你的寿命。“厚德载物”，是在告诉我们，你的德行要厚才能载得住这个福报。比如这个桌子，它能载得住 100 斤的福报，可是我们却拼命地想得到 1 万斤福报，甚至是 10 万斤，那它早晚都要塌掉的。我没有这么高的德行，偏要去追求这种享受，那就会损我的福。所以先要培育德行。

我是在学了《弟子规》以后，才开始知道要培养自己的德行的。因为我这个人的文化水平不是很高，学习方面的进取心不是很强，人家给了我《弟子规》的碟片，我看不进去。也是因为我的心特别

的浮躁。让我看打打杀杀的电视剧还能看得进去，但是看这些碟片看不进去。

他们知道我水平有限，就给了我一些二十四孝的故事，然后还把《弟子规》的动画片拿来让我看，这些我都喜欢看。第一孝是舜王的故事，我听了这个故事以后特别的惭愧。舜帝的亲生父亲和继母天天想置他于死地，但是他每天都在检讨自己，就像老祖先说的“行有不得，反求诸己”。

我想怎么会这样？开始看了不是很理解。后来舜帝用三年感化了全家人，感化的力量太大了。然后他的事迹传到尧那里，尧是有智慧的人。他认为，孝廉是联系在一起的，舜是这么好的孩子，那么也一定会是个好官。我们的老祖宗选官就是看他以前是不是个大孝子，如果是大孝子，就让他来做官。尧又在皇宫里考察了舜三年，然后就把他的皇位让给舜。尧太有智慧了，他让位给具有德行的舜，舜能有这么大的福报，这就是他能厚德载物。

看了这些，当天我就去给妈妈磕头了，承认我的错误。我觉得改过要有三心，这是《了凡四训》上说的：耻心、畏心、勇心。

耻心就是知耻之心。我以前是不以为耻反以为荣，没有知耻之心，但是我现在知耻了。我知道丁嘉莉老师的故事，她给父母抠大便，还给临床的人抠大便。她是我的大师姐，造诣非常深厚，得过“德艺双馨”艺术家称号。想想，为什么她有那样的福报呢？因为她特别孝顺，而且对外从来都没有说过她的孝行，有一次她跟我说：“傅冲，人不就应该这样吗？”

记得我小的时候在东北睡炕，那时候父母正在闹离婚，因为上火，我经常大便干燥，妈妈都是用手帮我抠。我母亲现在年龄大了，老年人都有便秘的习惯，我说可以用开塞露啊。丁嘉莉老师说，傅冲你不知道，现在开塞露都不怎么管用了，然后她就给我讲怎么不让父母受伤。她只是在介绍自己的经验，其实我一直在反省自己，心里很惭愧。如果我没有学习传统文化，我真的不会给父母抠。但我知道，我的父母对我是能够付出所有的。

前一阵，我妈妈被人撞伤了，躺在床上不能动，我给她端便盆却有嫌弃的心。想起我们小的时候，父母为我们做了那么多，也没有一丝怨恨，还特别开心。我就对丁嘉莉老师说，该到唤回我自己良知的时候了。我以前对父母没有任何的恩德可言，现在对父母的好，只是弥补自己以前的过错。所以，回到家我就给母亲一直磕头，老祖宗有三跪九叩的大礼，我觉得磕 90 个头都不能赎我的罪过。我妈妈特别激动，对我说："妈妈知道你的心了，别跪着了。"我说："不行，妈妈你原谅我，我都不能原谅自己，以前我做的事，现在想一想都不能得到宽恕。"最后，我告诉妈妈："妈妈，以后你看我的行动吧。"

妈妈看到这样的情景，与我抱头痛哭。她说："孩子，也不是你自己的错，妈妈以前也不懂，所以你才变成这样。"妈妈说了这些话以后，更是大哭，因为我母亲从来都是刚强的人，没有向任何人低过头，也从来没给我道过歉。可是当我给母亲磕头道歉，请求她原谅的一刹那，母亲也向我认错了。

我后来跟父亲说起这件事，我爸爸觉得不可思议。因为爸爸也知道，妈妈是从来不会向任何人低头的。妈妈现在也特别好，她毕竟是一个特别善良的人。她答应跟我一起学习传统文化，我们就从《弟子规》学起，就从这 113 件小事开始做。妈妈现在也是在身体力

行地帮助周围的人，我们现在生活和乐，我也变得非常孝顺，而她也在帮助周围的那些老年人。因为我毕竟是明星，还有一点号召力，我就号召大家在春节的时候给父母叩首，一叩首是感恩父母，把我们带到这个世界；二叩首感恩父母，对我们的教育之恩。

我生日的时候，给母亲发了一条短信，也是感恩母亲的短信。我觉得这是一条很普通的短信，可是妈妈把它珍藏了起来。在她们同学聚会的时候，我妈妈就把这条短信念给所有的阿姨听，几乎所有的阿姨都落泪了。晚上到家，她就跟我说起这件事，她说所有的阿姨都哭了。我说："妈妈，我想这些阿姨们哭，很可能是因为羡慕你，她们想起了自己的孩子，希望自己的孩子也能给她们发这样的短信。"妈妈说是的，然后这些阿姨让妈妈把短信全部转到她们的手机上，回去让自己孩子看看，这是傅冲写给她妈妈的。

儿的生日，娘的难日。俗话都说，母亲生孩子是在过鬼门关，生不好可能就被阎王爷收走了。在我们过生日的时候，还有什么理由在那儿敲锣打鼓，欢天喜地地庆祝呢？

我生日那天，就学着刘苏老师那样，去医院献血小板。因为我现在的血液非常好，身体也非常健康，所以他们一缺血，就老给我发信息让我去捐血。所以我跟妈妈说，今年的生日我过得最有意义，我说生日要这样过才对得起爸爸妈妈。

老祖宗说"孝"分四个阶段：养父母之身，养父母之心，养父母之志，养父母之慧。

我现在特别喜欢爸爸妈妈唠叨我，因为我的心境不一样了，我每天都特别开心。我觉得这世界上最美的语言就是妈妈的唠叨了，因为这些语言中充满了爱，每个字、每句话里面都充满了爱。"多穿点，该下雨了，明天记得打伞”，就像靳雅佳唱的歌《儿行千里母担忧》，我现在没行千里母亲也担忧，其实父母亲时时都在牵挂着儿女。

父母想让你回家，他们会找个理由，说他们又买了什么菜，希望你回家做给你吃。结果我们会说，自己正忙着呢，双休日再说吧。我们自以为很孝顺父母，孝顺父母从哪里开始？从顺开始，从我们的言行开始。

对父母也好，对丈夫也好，都应该柔顺。

在这一方面，我们应该向谷大嫂学习，回去就擦地、干活，给丈夫倒水，没什么说的。如果女人不在自己的道上走，女人把阳的位置占了，男人就会坐到阴的位置上，如果他不愿意坐到阴的位置上，两个人都是阳，那就会像我父母那样开始打架，这是一个非常严重的问题。

我们应该有三心：耻心、畏心、勇心。最重要的就是勇于忏悔的心，我对父亲的改过也像对我母亲那样给他磕头认错，父亲也原谅了我这个女儿。现在我们的家庭特别和乐。

我父亲这边的大家庭他们还互相检讨了自己。我爸爸是大哥，他带头检讨自己，说自己以前没有带好弟弟妹妹，整个家庭都在批评与自我批评。我听说这件事以后，觉得不可思议，因为父亲他们属于高干家庭，他们每个人的态度都是很傲慢的，什么使他们觉得没有做好大哥、没有做好弟弟、没有做好丈夫？我想，还是老祖宗的智慧让他们开窍了。

我们要学习传统文化，就是学习两个字——智慧。我们的人生所经历的一切苦难、烦恼、忧虑，以及那些恨、怨、恼、怒、烦，

之所以有这么多的坏情绪就是因为我们没有智慧。现在我们有了老祖宗给我们的这个智慧法宝，我们把心灵的那扇大门给打开了，智慧的光芒就透出来了。

《了凡四训》说，千年暗室，一盏明灯。这个房间里黑压压的几千年，只要智慧的光芒一照亮就改变了。我们这个家族真的是学了智慧。只要我们有智慧，就可以解决生活中一切的烦恼，一切的不如意。

还有很多老师经常对我说："傅冲，你不能这样，你太愚孝也不行，中国传统文化中也讲到，要去其糟粕。"我们学，要学得善巧一点，不能学得愚拙了。

我们为什么要顺着父母？因为不管父母对错，你先顺着他，这样，跟父母就不是对立的了，然后你的心就能像湖水一样平静了，有了平静的心才能生出智慧。刘芳老师能够给公公写一封信，从而让老人家不再生气。这就是因为她拥有清静的智慧，是因为她遇到执论的时候没有跟人家争论。她很安静，于是心生智慧，有了智慧才能解决人生中遇到的一切烦恼和矛盾。

第四篇

幸福源于对自身的定位

陈静瑜老师：大连鸿祥金制品有限公司总经理，曾就读于中国人民大学经济管理学院和大连海事大学法律学院。她是中国黄金协会理事、国家注册会计师、证券分析师、高级黄金分析师。

在现代社会中，职业女性的压力都比较大，家庭的责任和事业上的责任都要承担。那么，她们应该以怎样的心态来面对这些，怎样找到自己的最佳位置，让自己成为一个幸福快乐的女人，同时又能协调好家庭和事业的关系呢？

有很多朋友问我："作为一个公司的老总，又是两个孩子的母亲，而你的先生也有自己的公司，你是如何把自己的公司管理好，同时又帮助丈夫将他的事业推向成功，而且还能把孩子也教导好呢？你是如何跟你的先生一起牵手走过17年的岁月，如何经营好这个和

睦的家庭的?”面对这些问题，一时间我不知道从哪里去回答，因为这的确不是一两句话能够说清楚的。现在，就让我借助这个机会，好好地梳理一下自己曾走过的人生之路，给朋友们一个真诚的回答。同时，我希望我的这些经历和感悟能够给大家带来启迪。

家教是成长的启明灯

良好的家教是成就女人一生平安和幸福的关键。

我非常感恩我的母亲和我的奶奶。从小，我就跟爷爷、奶奶生活在一起，一直到我上大学。虽然，奶奶家不是很富有，但家里有家道，有家规，有家学，有家风。小的时候奶奶就教导我说，女孩子一定得守规矩。

记得在我六七岁时，有一次我叉着腿坐在椅子上，奶奶看见了，就拿着笤帚使劲打了我一下，让我把腿摆正，她说，女孩子要坐有坐相，站有站相。从那以后，我坐着时都会坐得非常端正。小的时候，我也会挑食，这时候，奶奶就让我在门外罚站。站到很晚，奶奶就问我：“你饿不饿?”我说很饿。奶奶就让我进屋吃饭，我以为奶奶会重新给我做，结果奶奶还是把原来的饭端来让我吃。这样，我以后真的再也不敢挑食了。而现在的家长面对孩子的挑食，大多不会像我的奶奶那样严厉。其实这样就会惯坏孩子，不利于孩子的成长。

我上初中后，每天都带午饭去学校。奶奶告诉我，吃完午饭要把饭盒洗干净。但是有一次，我因为贪玩就忘记洗了。结果第二天中午，打开饭盒一看，饭盒还没洗，而且里面是空的，所以那天我就饿了一下午的肚子。回到家，奶奶问我饿不饿，我说很饿，奶奶说，以后记住一定要把该干的活干了，不然的话就会饿肚子。

现在回想起来，我都非常感恩奶奶对我的教育。因为有规矩才能成方圆，在一个家庭里面，一定是大人给孩子定规矩，衣食住行方方面面，都要让孩子能够守住正业、正行、正心、正义。

家道就是在家里凡事都得有原则、有道理。从小到大，爷爷奶奶总是教导我："吃亏是福，不要贪图小便宜，因为占小便宜就会吃大亏。"

结婚的时候，我是带着一笔比较大的积蓄嫁给我先生的。后来，先生就用了我的这笔钱，我没有任何怨言。有人问过我这件事情，我说："既然已经是一家人了，那么钱也就是俩人共有的了。从小我奶奶告诉我吃亏是福，这个钱能有用处，我觉得是好事。"但是，现在的很多家长，总是告诉孩子不能吃亏，什么事都要沾光，我不知道这样的教育将来会教出怎样的孩子。

在学习女德的过程中，有句话令我感触颇深，就是说"一争两伤，一让两有"，告诉我们应该懂得谦让，我觉得这跟"吃亏是福"是一样的道理。我经常会教育我的儿子，让他们从小就要做到相互谦让，都能把自己的心胸放得宽广，把自己的善心和福德都锻炼出来，这样，他们的路才会越走越广。

我们家是传统化家庭，家里都秉承着男主外，女主内的家庭模

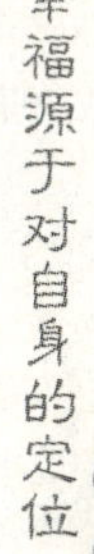

式。男人在外面做事业，女人照顾家里的大小事务。在爷爷、奶奶家，爷爷是一位领导，是家里的天，奶奶则是地，大地要厚德载物。虽然奶奶没有读过书，但她相夫教子，把家里的事做得井井有条。爷爷从小在私塾里读书，很有文化，但从没嫌弃过奶奶。虽然奶奶没有文化，但她是家里的顶梁柱，在对我的教育上也做得非常好。现在，他们都80多岁了，走过了金婚。

我父亲是清华大学的博士，很有文化，是大型国企的局领导，而我母亲则是普通的技校文凭，文化程度不高，只是一名普通的员工，但是他们夫妻特别恩爱。他们结婚已有39年，现在都退休了，每年他们都会跟着旅行团出国旅游。出国旅游时，每次吃饭爸爸都会给妈妈夹菜，出去的时候爸爸又会帮妈妈背包，年轻人看着都很羡慕。

再看看当下，现在的女子学历高、工作好、挣钱多，可是她们的婚姻不稳定，尤其在大城市，离婚率非常高。造成这种现象的原因，我觉得就是没有遵循祖先的教诲，没有把握好夫妇相处之道。传统文化讲“五伦”，“五伦”中最重要的就是“夫妇”这一伦，告诉我们要夫义妇和，丈夫要有恩义、有情义、有道德，做妻子的，要柔和、柔顺。妻子的柔和、柔顺并不是盲目地听从、顺从，而是要知道自己的本分，在把自己的德行修好的前提下，做一个和顺的好妻子，以此帮助丈夫行走在仁义的道路上，同时成就他的事业，成就这个家族的家业。

我印象很深的家道，就是概括奶奶一辈子的四个字“任劳任怨”。在我印象中，奶奶为家里付出很多，她从来没有说过一句抱怨的话，也从没有说过一句谈论过他人是非的话。奶奶从我两岁时开始养育我，一直到我上大学。家里的所有家务几乎都由奶奶来做，虽然她没有多少文化，但是她心地仁厚，做事情从来都无怨无悔，所以，所有认识她的邻居都非常敬重她。奶奶的这种隐忍、这种坚持也深深地影响了我。

我的先生也是在这种很传统的家庭里长大的，我们结婚后，家里的活他都不干。我每天忙里忙外就会有怨言，心里有不满，但是没有在先生面前说。那时回家，我就向奶奶诉苦，说家里的活都是我干，先生他什么也不干，特别懒。奶奶说，女人应该干活，干活也不会把人累坏，而且心里不怨就不累，越怨越累。

奶奶没什么文化，但是她对我说的话，她对我的教育影响着我的生活，对我帮助很大。从结婚到现在，我先生从一个外贸公司的业务员，做到一个大集团的董事长，他在家没干过任何活。我们搬过四次家，装修过三次房子，全部都是我自己来承担。有一次搬家赶上我怀孕，我那段时间挺着大肚子装修，每次我想要抱怨的时候，就想起我奶奶说的那些话，觉得还是能过得去，奶奶也是这样走过来的。就是这种信念，让我承担起家庭的责任。

后来，学习了《弟子规》，同时也了解到其中深刻的道理，从中有了更深的感悟。

刘苏老师在献血行业里努力工作，她无私的奉献精神令我感动。我曾跟刘苏老师沟通，才知道她也是在奶奶家长大的。我问她，什么对她影响最大，让她在这个行业里坚持下来？她说是她的奶奶，小的时候，奶奶经常会对她说：“人这一辈子，当官、赚钱都不重要，最重要的就是能够尽量去帮助他人，给予他人。而且，帮助人是做人的本分，不能因此就抬高自己。”

刘苏老师还给我讲了一个故事。她小时候，有一天放学回到家，看见两个陌生人正在饭桌上吃面条，而且每个碗里都有一个荷包蛋。她就很高兴，觉得今天伙食改善了。当她进去厨房跟奶奶说要吃饭时，奶奶让她吃窝头喝汤。刘老师感到很奇怪，外面的人吃的好吃的饭为什么没有自己的份呢？但她还是很听话，按照奶奶说的去吃饭了。等那两个人走了，刘苏老师才问奶奶，他们是谁呀？为什么还要给他们的面条里加鸡蛋？奶奶说这两个人是要饭的，被她领回家，奶奶觉得他们饿了很久，就把家里最好吃的做给他们吃。奶奶说，我们能够帮助人家就多帮助人家一点。

听到这些，我就想起来，有一次奶奶趴在阳台上瞅，我问她："奶奶，你瞅什么呢?"奶奶说，她看到有人在垃圾箱那儿拣东西，没有拣到吃的，很可怜。第二天，奶奶蒸了一大锅馒头，然后把馒头装进袋子里又放到垃圾箱里，回来又趴在阳台上瞅，看拣破烂的来没来。到了下午那个人来了，正好看到那些馒头，就拣回去了。奶奶看到了，就很高兴。

长辈的这种行为对家里孩子的影响是很深远的，这就是言传身教的作用。像我们现在教孩子，不是用言语教出来的，或者让孩子背几遍《弟子规》就能够把他的德行给背出来，而是当妈妈的自己怎么去做，然后去感化和影响这个孩子。所以我认为，作为女人最重要的就是心里不能缺少爱。只有心中有这份爱，有对他人的这种无私的关爱，就能把自己一生的幸福给托起来。

我爷爷非常喜欢读书，家里藏书有上万册。从小，爷爷就让我看书，然后写读书笔记。奶奶告诉我，书要读，家务活也得做。小的时候，有一次学习成绩不是很好，爷爷狠狠地教训了我一顿。后来，我也认识到，学习是本分，所以一直都很用功地把功课认认真真地完成好。当年高考时，我是学校的文科状元，但是家里没有庆祝什么，长辈还告诉我不能骄傲，因为这都是应该做到的。

然而，如果在一个家庭里，母亲喜欢玩乐，喜欢打麻将或者上网聊天，那她对孩子一定会造成很坏的影响。反过来，如果一个母亲在家里是勤劳务实的，善于修学，愿意读圣贤书，那家庭的氛围就不一样。所以曾国藩也说过，家里一定不能缺少圣贤书。

家教、家道和家学都很好，家风就很正，邪气就沾染不上。也就能够成就一个家的家业，而且能让这个家业一代一代地传承下去。我们现在会遇到富二代的问题，有些家族的事业在往下传的时候，因为儿女不成器，所以传不下去了。

要培养德行深厚的女子很重要，同样，男孩子从小的家教也非常重要，所以在女德课里，男人也要学，学了以后就会知道怎样把自己的妻子引领好，没有结婚的男性就会知道应该找一个什么样的女子。有部书叫做《窈窕淑女的标准》，是钟茂森老师对于古代的女四书之一《女论语》的讲解，是一本非常值得看的好书，我也向很多朋友推荐了。

钟茂森老师的这本书，我从去年得到后就一直带在身边，坐飞机时我会拿出来看。前两天在飞机上，我旁边坐着一对母女，我正看书的时候，那位妈妈对我说："我瞄了两眼，这本书真好，你是在哪儿买的?"后来，我就把这本书送给她了。因为我知道，一本好书，能够给人一个正确的理念，可以帮助读者在以后的人生中走得更加平安、顺利。

女人最关键的品质是什么

我先生曾在我的企业里，给员工上过一堂课。先生的那堂课讲的是：你怎样谦卑地去做人，怎样勤奋地去做人，怎样与朋友守住信用。我听完之后，也有很大的启发。然后我跟婆婆打了一个电话，我问她："妈妈，您当年帮儿子找媳妇的标准是什么?"因为我知道，婆婆是个很有智慧的人，她的家教也很严，从小对我先生要求都非常严格，我的先生也是个守本分的人，从来没有什么乱七八糟的行为。

这一点我婆婆也是觉得非常的欣慰。然后，婆婆就跟我说，她找儿媳妇，有三点一直都没变过。

第一，要正派善良。我婆婆说，找媳妇最关键的是看人品，看看这个女人是不是正派，心地是不是善良？所谓"正派"，就是没有现代社会里那些乱七八糟的事情，比如跟男的抛媚眼啊，穿的很暴露，或者说话很轻佻，这些都会透露出她为人不正派。女人要品行端正、心地善良。这也就是我经常提到的，女人要有贞操，要能够守身如玉，这样才能守住一生的幸福。

我认为，一生的幸福包括家庭的幸福，事业的成就，还有公婆、孩子对自己的那份爱。要拥有这些，就要把根本的原因抓住。我是过来人，所以要提醒年轻的女孩子，哪怕两人在谈恋爱，女人的底线要守住。如果是一个真正爱你的男子，他会很尊重你，他一定会很珍惜这份感情，而不是注重在情与色上，这样你们婚姻的基础才会很稳固。

如果一个男性看中的是你的色，你的容貌，一个女人看中的是这个男人的钱财，那么这两个人的感情就很不稳了。因为再过10年、20年，你就不会那么漂亮了，男人的钱财也可能没有那么多了。古人讲人结婚的根基要在道上，什么是道呢？用现代人的话讲就是女方找男方你得看他有没有责任感，孝顺不孝顺父母，对朋友讲不讲诚意？反过来，男人看女子并不是看她长的多漂亮，身材多好，而是看她有没有家教，有没有素质，善不善良？我先生曾跟我说，他找我的时候，也是因为他看到我奶奶就觉得心里很安慰。

第二，是门当户对。婆婆说，男女双方的条件要相当，从家庭条件到学历，再到为人处事，各个方面都得差不多才行，不能在文化修养上、生活素质上相差太远。相差太远，两人就很难长久。我先生以前大学里有一个女朋友，是农村的，我婆婆不同意，因为相差太远，都是城市的会比较容易相处。

后来，我在讲女德课的过程中，发现很多婚姻破裂的例子，主要的障碍就是因为两人以往的生活经历差距太大。比如男方家是农村的，女方家是城里的，而且女方家还是高干，结果这个女孩子瞧不起婆婆，就不把先生放在眼里，最后婚姻就会出现矛盾和摩擦，感情开始一点点破裂。

第三，身心健康。她说，身体一定要健康，不能病病歪歪的，而且，还要看她的心态健不健康，心态要是不好，很可能身体也不会太好，这会影响家族后代。婆婆说，那些特别小心眼、爱嫉妒人，发起小性子没完没了的人，这些都是心态不好的表现。

我就跟我婆婆讲，其实我刚结婚的时候也比较任性。她说："我看根本的，如果不是根本性的，都可以调整。"婆婆的这种远见和眼光，令我非常佩服。

现在，很多家庭的婆媳关系都不好，也影响到夫妻之间的生活。在这个问题上，我曾经也专门讲过叫做《婆媳相处之道》的课。要搞好婆媳关系，最重要的是做媳妇的要树立起一个正确的观念，也是古代的女德教育中常讲的话，就是说一个女子嫁到别人家，一定要使自己的先生对父母的那份孝心有增无减。那么，怎么样才能让丈夫对父母的这个孝，没有衰退呢？首先，我们自己要真正地把公婆当成自己的父母。在礼节上甚至比对自己父母考虑的还要周到。

刚结婚的时候，我花四千多元买了一条金项链给我婆婆，当时没有给我母亲买，心里很愧疚。后来当然也给母亲买了，但是我也跟母亲沟通过，母亲也同意应该先尊重婆婆这边，一是因为公公婆婆年纪比较大，再就是妻子要尊重丈夫，要给男人留一些面子。我父母特别开明，说这样挺好。什么事比如买衣服也好、拿钱也好，都是我公公婆婆优先。

其实，跟婆婆相处，在我刚结婚的时候，也有不顺心的事情。比如那时我到婆婆家吃饭，婆婆就会把好吃的虾呀、鸡呀都收到冰箱里。婆婆就煮点面条、炸点酱，让我先随便吃。我说冰箱里有虾呀，她说那个等你先生回来吃，我心里当时就非常不舒服。类似这样的事情还有很多。我嫁到我先生家至今为止 17 年，年夜饭我只吃过一次，就是生我大儿子那一年。因为我大儿子是年底生的，只有这一次没有让我做年夜饭，剩下的 16 年都是我自己一个人在厨房里做饭，八菜一汤，我的两个大姑姐，还有我的先生以及姑婆他们，都在屋里看电视或者玩。

一开始我心里也不舒服，就把委屈说给我奶奶听，奶奶说："你看咱们家不也都是这样嘛，男的不干活，女的在里面忙活。"我说，可是那只有我自己啊，奶奶说只有你自己更好，能够作主，人多了你还不能作主，你做的饭菜不管好赖大家都吃呀，我觉得也有道理。但是，这几年变化特别大，现在婆婆对我跟我刚结婚时就不一样了。今年初五我婆婆就给我打电话说："静瑜，饺子包好了，你过来吃吧。"我说，现在我先生有事，要不要等他然后一起过去？婆婆说不用了，都是我爱吃的馅儿，她就是给我包的。我也不知道婆婆什么时候变得对我这么好了，而且她对我的关爱越来越强，对我的依恋也越来越强了。所以说，只要我们不抱怨，对方一定能感受到我们的真心，然后就会用同样的爱来对待我们。

每到年底的时候我都比较忙，都要挤时间去看望公公婆婆。有一位旅顺的老总，他听了我的课后跟我说过好几次，他想见我的父母。他特别热情，后来实在推辞不了，我说："你能不能不见我的父母，见我的公婆？"那位老总说好。于是，这位老总带了 12 箱水果见我的婆婆。婆婆那天开心的不得了，她不是图这点东西，主要是因为平时也没人去看她，逢年过节心里也会比较冷落，过节了有人来看她，她就特别高兴。

我公司的员工本来说要去我家看望我的父母，我也建议他们还是先看我的公公婆婆。我的员工写了一封信，买了一束花，然后还各出 100 元钱，弄了一个特别大的红包，然后签上名，去的时候还带了相机。那天我没去，但是我婆婆也特别高兴，眉飞色舞的。还打电话给我说："你员工来看望我了，还给我念信，然后让我谈教子

之道，我给他们发挥了几下，我问你，这是不是你安排的?”我说：“我没安排，我特别忙，顾不上。他们是发自内心的，你作为董事长的母亲，的确是非常有德行、非常有才华，得向你学习。”

我觉得在婆媳相处之道上说难也难，说不难也不难。因为开始的时候不是很了解公婆的习惯、爱好，可能就很容易出现摩擦；当你都了解了，摸清楚了他们的脾气就好相处了。比如我婆婆，她就特别喜欢热闹，喜欢谈点国家大事，讲点什么新闻之类的，所以我就顺着她，跟她聊她喜欢的话题，她就会特别高兴。

我也跟婆婆讲，说养生的关键是养心。公公、婆婆的心情好了，比吃多少营养品都好。所以做儿媳的要顺着婆婆，让婆婆开心，这才是真正的孝顺。可以说我的婆婆是我婚姻生活中第一位护航保驾的人，我经常给我婆婆买东西，也经常跟她聊天，虽然她的故事我已经倒背如流了，但是还是很耐心地听她讲。当我丈夫要给我说某个故事的时候，我说这个故事我可以给你背下来，他说你怎么会知道？我说我每次都听你妈讲，他说那你为什么还听？我说既然老人愿讲，做晚辈的就听吧。

我们听了这么多课，最终还是要看我们是怎么做的。家里人认不认可？家里人是不是觉得你是一个好的妻子、一个孝顺的媳妇?如果家里人的答案都是否定的，那这些课听得也没有意义了。

我觉得我讲女德课，并不算做公益，因为通过讲课我总能找到自己存在的问题，甚至能帮助我解答自己人生中的困惑。通过对女德的学习和分享，我懂得了如何让自己的生活更好，也让身边的人更加快乐、幸福。

要注重修养自己的德行

《大学》里有一句话叫："物有本末，事有始终，知所先后，则近道矣。"比如大树有树根枝叶，树根是它的本，枝叶是它的末，想让这棵大树长得茂盛，就要知道水往哪儿浇。不能往枝上浇，因为根要是枯萎了，树就死了。所以，我们要明白做人、做事的道理。古人讲"修身、齐家、治国、平天下"先要修身，女德就是修身，女子的德行需要在修身的过程中修炼而来。如果说得再简单一点，我觉得修身最起码需要做到两点，一是把金钱看淡一点，另一点是做人要放松一点。

我们先讲钱财，很多家庭都会因为钱发生矛盾，有钱的时候有矛盾，没钱的时候也有矛盾。前面我也有提到，我结婚后就把自己的积蓄交给丈夫了，然后，我就跑到大连读研究生。读研究生是没有收入的，所以后来我每个月都要让先生给我钱。那段时间我手头很紧，有一阵儿还很后悔，因为他当时问我有没有私藏小金库，我说没有，都交出去了，后来再要的时候就很困难，常被问道："这个月的500都花到哪儿了？"但是后来我们都变得很淡然了。

我先生做事业，包括后来事业做得比较大了，虽然有了钱，但我觉得更没有必要看重这些，尤其是面对亲人，如果心里不在乎钱财，亲情就会浓厚很多。也不会在乎我付出多少又得到多少，或者

疑惑为什么他没有感恩的心，为什么他还不知足，等等。自己首先不要为了得到什么而做某件事，不要觉得我很富裕，我手头很宽松，我想给就给。因为我大姑姐、二姑姐家庭条件都没有我们好，所以以前我经常会给她们钱。但是婆婆在这方面特别的有正念，她说不要觉得你手头宽裕，你就想给多少给多少，即便是你丈夫的姐妹你也不可以这么做，做事要懂得适度，不要过了。

原来我是有钱就给，人家不感恩我还挺上火的。后来我婆婆就教导我，不能这样，有时候她不让我给，后来我也就明白了。但是，如果确实有需要，我们还是毫不犹豫的，能够帮忙就帮忙。我大姑姐家里遇到困难，她的孩子从小学到大学一直都是我来承担所有的费用。我也觉得她是姐姐，应该帮她，后来我婆婆告诉我，说帮忙也要适度，不能太过，她应该自己独立。

总之，不要把金钱看得太重，应该越淡越好，最后淡到你没有什么概念，怎么着都行。我结婚好多年了，曾经有人问我，我们家房子户主是谁？我说不知道。又问我，我的公司法人是谁？我说不知道。然后那个人说好像都是你先生的名字，我说正好，这样我更轻松。

但是很多人一直想着我手里得有点钱，得有个小金库，否则他不要我了怎么办？这个事情就是女人缺少对自己的自信。女人一定要自信、自尊、自爱、自重。你不自信就觉得随时得有点防备，怕个万一，自信的人就不会这样。我觉得自己有本事、有能力，不会发生那么坏的情况。当然，你不能盲目地自信，你得真的有这点本事，有这种能力。同时要注意，人应该减少欲望，我们说少欲知足，知足常乐。欲望少了，你就会生活得很安然很自在，就不会计较太多。

真正的修身实际上是格物，格是格斗的格，物是欲望，就是说你要跟自己的欲望作斗争，你把自己的欲望一个个消除了，慢慢地我们就变得无欲则刚了。女人应该是外柔内刚，外圆内方。一个女人能够做到这样的话，她就能做事时特别欢喜、快乐，不会随波逐流。所以说，我们学传统文化也好，学女德也好，一定要与时俱进，而不能随波逐流。一定要睿智而不奸猾，仁厚而不迂腐，这样才能把真正的好东西学过来、会使用，才能得到真正的利益，而不是只学一些形式上的，最后却说这东西不好。事实上不是东西不好，而是我们自己没有真正弄懂，还不会用。

每个人在婚姻中都会遇到困惑，我曾经也遇到过。那是在我先生事业发展的头几年，有一个年轻漂亮的女孩子，在我刚生完儿子后到我家，跟我讲说我不配我先生。我一直笑呵呵地听，听完之后说："先生昨天还给我打电话，说我们现在特别幸福快乐，我们有了儿子，事业也还不错，这是很难找的般配夫妻。"她说："你先生不可能这样说。"我说："真的不好意思，我是亲耳听见的，我很信任他。你说的话，我一句也没有听进去。你愿意坐的话我还给你多倒杯茶，如果你没有时间，你可以走了。"不久后，她就被我先生辞退了。后来这样的电话我也接了很多，但是我都不当回事。只要我的丈夫说家是很好的，我就相信他。

很多事情本来是没有的，尤其是那些不好的事情，都是自己想出来的。有的女性对丈夫怀疑这个、怀疑那个，本来没有也给怀疑出来。我曾见过一个女子，她说她丈夫有外遇了，她不知道该怎么办。然后我问她："你怎么知道你丈夫有外遇了呢？"这位女子说：

“我看见他跟他的一个女同事在前面并肩走，我在后面他就不理我。”我就说这叫什么外遇，这不算外遇。她说：“我特别生气。”我说：“你生气不如你就直接到前面跟他并排走。”她又说：“还有一件事我很上火。就是有个女人问我‘你老公红杏出墙怎么办?’”我问她：“你怎么答的?”她说：“没事，我还有儿子，离了他，我的日子也还能过。”我说你答错了，她问怎么答，我告诉她：“你可以跟她说‘我们昨晚谈了很久，这种事是不会发生的’。”

要笑着面对自己的命运，如果有人问，以后真的遇见这种事该怎么面对？我认为，你就想睡在你身边的是你的男人，你以后要跟他过一辈子，你天天这样想，就能够把他想回来。世界上有两件事比较难，一件是登天难，一件是求人难，求自己是最不难的，你什么事不用求别人，你就求自己。我们讲“行有不得，反求诸己”，自己一定要树立正确的观念并要做好。我们常说和谐幸福的婚姻是靠智慧之水浇灌的。女人得有智慧，智慧从哪里来呢？从对生活的淡定中来，要有定力。如果你遇事就慌了，这就没有智慧了。

我经常跟员工讲，大事要小办，平时生活中的小事要大办、认认真真地办，就是不能没事找事。因为生活中无论善还是恶都是自己招引来的，我们讲“善不积，不足以成名”。你在家里就能完成你每天的积德、行善，你的家就在这种形势下一点点变好。女人得有这种智慧。

女人真正涵养自己的德行，古代的圣贤告诉我们，这是从四个方面得来的，就是女子“四德”。我觉得在当今社会中学习“四德”也非常有价值和意义，关键是看用什么样的心态去学。如果用非常轻视傲慢的心态去学，什么也学不到。你要拿一颗恭敬的心，一颗感恩的心，一颗清静的心去学古圣先贤的教诲，你就能够学出味道来。

第一个讲女德，用两个字概括就是静和正。静是从哪儿来的？大学里讲定而后能静，就是说人得有定力才能静。怎样才有定力呢？就得有规矩。什么叫守规矩？像我们讲的非礼勿视、非礼勿听、非礼勿动，做到这些了你就守规矩了。什么是非礼呢？比如眼睛里没有老人、没有孩子，特别任性而且没有规矩，喜欢把时间都浪费在无聊的电视剧上，你看了不好的东西，然后还到处去说，对自己毫无好处，这都是非礼的行为。所以女人守规矩必须从平时的一言一行中做起，心要常驻在正面上。

第二个讲的是妇言，用两个字解释是简婉。“简”的意思就是讲得少，女人要话少；“婉”的意思是讲女人说话要懂得柔和，要考虑一下对方能不能接受，考虑一下对方的心态，时时刻刻为对方着想。现在很多人就做不到这些，话有用没用的都特别能说，这就违背了妇言。我就告诉女员工，没事少说话，遇到一些是是非非，不去讨论，不要非得争个谁对谁错，遇到一些委屈和被人诽谤了，也不用去解释。我们在儒家文化的学习中，有一本很重要的书是《了凡四训》。《了凡四训》里面有一句话意思是说，如果你被人诽谤了，可能你的儿子就会遇到好运气，不用去解释，公道自在人心。

另外，不要说一些不应该说的话，尤其是女性。生活中，一些女性特别容易传东家长、西家短，你家婆婆不好，我家公公怎么样，你先生如何，我先生如何。口为祸之门，女人的祸福一大半都是从嘴里出来的，所以，会说话的女人在人前要懂得沉默寡言，懂得不为人先，懂得谦让，这样的人是有后福的。

我就是学了女德之后，对自己以前的行为觉得特别惭愧，觉得真是不懂道理，不懂得为自己的孩子积福，什么事都抢先，什么事都愿意表达，这不是一件好事情。真正有智慧的、明白道理的人，他们能看明白但是不会说太多。所以古语讲“好女人能旺三代”，她积的厚德跟大地一样，土地肥沃，你在这儿种的庄稼就会特别丰美，这跟贫瘠的、长不出草的地是不一样的。而且不止长一茬庄稼，长二茬庄稼，能够长好几茬。

不仅是我们说话的言语，现在有很多女性文学家能够写文章。但值得注意的是，你写的东西是影响读者向善、积德，还是影响读者行恶呢？这个也很关键，所以不要轻易地去写文章，而要在明白道理之后再去写。父母给了我们生命，老师给了我们智慧。一个好老师能够影响人的一生，所以当老师是很光荣的事情，也是责任很重大的事情，如果言语不慎，把道理讲歪了，那会让人家一辈子受害。

第三个是妇功，说的是女子做事要周详、谨慎。妇功尤其体现在现代女子身上，能不能做出美味可口的饭菜？家里能不能打扫得干净？这是最起码的两点。但就是这最起码的两点，能做到的人也不多。尤其现在的女孩子，起床不叠被，衣服不洗饭不做，太正常了。

我带着自己的员工学女德的时候，首先，要求他们要学会打扫卫生，保持办公室及个人清洁、干净和整洁。其次，我带着员工做饭，从2009年就开始，当时我们叫鸿祥素食堂，主要以吃青菜为主（因为现在海鲜和肉类都不健康，所以我不建议大家多吃这些食品），所以带着员工做各种素食菜。他们不会做，我就教他们，我自己总结了四点：

（一）各种颜色的菜都要吃，不可以挑食；

（二）豆制品不能少，黄豆、豆腐皮这些菜天天不能少；

（三）菌类的不能少，就是木耳、香菇等，这都是常备菜；

（四）坚果类的不能少。

我经常给他们买菜，2009 年这一年，我们还经常开有关做饭的会，我教他们家常豆腐怎么做，白菜有几种炖法等等，然后还要求他们拿本子记着，琢磨怎么样做得好吃。只要你用心，没有一个女人是不会做饭的，没有一个女人是做不出可口的饭菜的。这之中，最好的调料就是你的爱，你带着对同事、对员工、对企业的这份感情认认真真地去做，这样做出来的饭菜就会非常香。

事实也的确如此，经过两年，我们公司的全体员工做菜都能够做得非常好。他们的父母给我写信，都非常高兴，说孩子以前很懒，现在在家里特别勤劳，每到逢年过节，他们就会让父母坐在那儿，自己进厨房来做三四个菜。

第四个是妇容。讲的是我们的穿衣打扮、妆容要淡雅，不要浓妆艳抹。头发染成红色，睫毛膏涂得眼睛看着跟个熊猫似的，这样非常不好。

我曾经听过一个老师做汇报，她就是曾经为了美而整容，在眼部拉皮，鼻子整形，下巴削掉。现在，当她流眼泪的时候，眼泪不能进里面，直接就流在外面，而且流的眼泪像黄脓一样，经常还会有血水。鼻子也不能碰，有时候不小心碰一下就歪了，装的都是假牙，胸也是隆的，非常疼。

在公司，我要求所有的女孩子，第一不留长指甲，第二不穿那

些太暴露的衣服。我觉得女孩子一定要穿得端庄，因为穿得端庄就能吸引到端端正正的男子跟你结为好的伴侣；你穿得不端庄、很妖艳，引来的男人也会很花心，因为“物以类聚，人以群分”。所以接触过我们公司的人都很有感触，说我们公司的女孩子都非常干净、淡定，对金钱也都很淡然，没有谁把钱看得那么重。所以，教育特别重要。像现在这种社会化的教育，学校教育，以及最重要的家庭教育，这些都会影响一个人的人生观、价值观。

如果有机会，建议大家一定要听中医博士彭欣老师的课，他的课讲得非常精辟。认为女人穿露腰裤、露脐装，对自己的身体会形成很大的伤害。

以上是讲女人的修身，下面我们讲齐家。

齐家的这个“齐”有整齐的意思，也有兴旺的意思，一个家如果是整整齐齐的，那么就能够兴旺。我们常说“家和万事兴”。家怎么能够和呢？就是家里的所有人都能够各就各位，在自己应该在的位置上各尽本分。也就是说家里母慈子孝，母亲一辈子尽到她的慈道，做儿女的就会一辈子行在孝道上。所以，如果有人说自己是最孝顺的人，有智慧的人一听就会笑的，因为孝是无穷无尽的。

几千年来，我们中华民族传承的就是这个孝字。孝的含义是很深的，不仅仅是给父母拿点钱，养活他们，对他们和颜悦色就够了，其实做到这些离孝还很远。认识到这一点，我们的家才能和和乐乐的。这就像宇宙间天体的运行，地球在地球的运行轨道上，月球在月球的运行轨道上，彼此都按照自己的运行轨道前进，它们就不会发生碰撞，就会平安无事。大自然是这样，家庭也是这样。

我结婚 17 年来，始终坚持以先生的事业为第一，对我来说，不管在什么时候，孩子和家才是主要的，家里的事务都是我来料理，这些也都是我应该做的。

我一直坚持两个原则，第一，就是不去表功。就是不到先生那儿说你看我怎么怎么样，因为做好是分内的事。第二，不去诉苦。做很多家务当然会累，也会辛苦，但要学会自己调节。当你明白了这些道理，就不会再抱怨了，事情也就很好做了。我刚结婚的时候在北京工作，我是一个席位经理，工资待遇也很优厚，但是我先生被分到大连，所以我把北京的工作放弃了，然后跟他去大连。到了大连，我没有工作而是考了研究生，研究生毕业之后才又找的工作。

怀孕的时候也是，怀第一个孩子时丈夫说这很重要，让我在家做全职太太，于是我就在家做了两年的全职太太。怀第二个儿子的时候，我的公司成立还不到半年。当时我也没有想很多，觉得最重要的就是回家，于是就给员工说我怀孕了要回家去，帮我支撑着公司，今天想起来我特别感恩我的员工。

在这里，我顺便讲一下胎教。陈松鹤老师讲胎教，我自己也是有切身体会的。我怀大儿子的时候特别地注意，而且也很喜欢和在肚子里的孩子聊天。应该是怀孕一两个月的时候吧，我经常跟孩子说话，找篇故事读，有时候我也跟他说，妈妈英语不是很好，你在妈妈的肚子里就得打好根基，咱们来读英语课文。那时候，我总会拿两个橘子，再拿一本散文什么的，然后到海边，边散步边朗诵豪迈的诗歌，我就觉得是个男孩，心胸要像大海一样宽阔。

从小，我的儿子就特别愿意跟我沟通，愿意跟我说他的心里话，说他的快乐、他的苦恼。我想，这就是因为他在我肚子里的时候，我跟他聊天、分享的缘故。

去年6月份，有一位怀孕几个月的朋友一直到我这儿听课，直到她生孩子的前一周。前两天她过来向我汇报，说自己的女儿真是胎教女德学的好，特别的乖，身体也好，都不用找月嫂了，因为太乖了，她觉得跟怀孕期间天天听课有很大关系。

还有一个朋友，她怀孕几个月之后，我送给她一个专门诵读《弟子规》、《孝经》的小机器，我让她给孩子听。她刚怀的时候不想要这个孩子，大概前两个月她就想堕胎，我们就集体力劝不能堕掉，后来她就决定把孩子生下来。当她的孩子大概四个月的时候，她把孩子带过来，那孩子一见我就笑了。

她跟我讲，孩子刚生下来的那两个月不让她抱，她刚开始不知道是怎么回事，后来就明白了，一定是因为刚怀孕的时候她不想要他。于是她就跟孩子道歉，说孩子对不起，妈妈因为生活上的困难不想要你，请你原谅我。在孩子出生50天的时候，孩子就让她抱了，她也觉得奇怪，她说孩子哭的时候，只要放上《弟子规》孩子就不哭了，这孩子只要听着朗朗的读书声，就会变得特别乖巧。所以说胎教特别重要。

比如有的女性很喜欢读爱情小说，怀孕的时候有时间了，这些女士就会躺在家里，把这些爱情小说一本一本地读，或者看韩剧之类的，那么她将来的孩子就很可能会有问题。有个小女孩在小学三年级就会写情书，后来才知道，她的母亲在怀孕的时候，最喜欢看琼瑶的小说了。

我还听说一个母亲怀孕的时候特别喜欢打麻将，结果生下孩子很吵、很闹，不安稳，怎么哄也不行。最后发现，这孩子一听到麻将的声音，很快就不吵了。

周朝的太姒在怀孕的时候，她口不出傲言，耳不听淫声，眼不识恶色，一心长养孩子的正气，所以她生出来的周公成为一代圣人。相比之下，我也有做不到位的时候，我在生了第二个孩子之后，就把精力全部投入到工作中，把孩子交给保姆看护。2009 年，我在深入学习《弟子规》之后，发现这样做不好，于是就决定自己带孩子，恰好保姆辞职，我就把孩子接过来。古代的圣贤都告诉我们，最好是母亲自己带孩子，因为母亲是孩子一生最好的老师，母亲的贤德能够成就孩子一生的德行。

女强人如何协调家庭和事业

虽然我有自己的公司，但是在任何时候，我都把孩子放在第一位。因为我的先生也有自己的事业，而且我认为不能要求一个男人又做好事业又顾家，所以，我的主要职责还是把家照顾好，让先生安心做自己的事业。这样分工明确以后，各自就都会把自己分内的事做得很好。我认为，一个女人成立一个公司，也不需要花太多的心思去管理，只要你做好“修身、齐家”，这个公司的管理就是自然而然的事。我的公司有 3 个店面，主要都是做销售，主店由先生给我做好，这样我做起来就省事多了。

另外两个店面全部由我的销售经理自己去管理，比如谈判、签合同等事务，他们也是自己去装修店面、自己去招聘员工、自己去

做业务，我只是审核一下。我的公司能够顺利运转，我想主要是因为我在企业成立之初，就为企业树立了良好文化。这就像一个人要有自己的灵魂一样，一个有灵魂的人，他的精神世界才是充实的，一个企业有自己的文化，这个企业就能够自我领导。我的企业有的是“企业的家文化”，就是企业怎么像一个家。我把经营家庭的理念复制到企业里面，这个企业的家风、家学怎么样，家规是什么。我认为，企业做的大不大，就要看他这几个因素有没有做到位。关于企业的家文化，我还写过很多系列的文章，因为我们公司属中国金币总公司管，我的文章一直在总公司的网站上发布，点击率还特别高。

例如，在家学方面，每天早晨我的员工都要诵读《孝经》、《弟子规》、《朱子治家格言》。要求全体员工都会背《弟子规》，男员工都会背诵《孝经》，女员工都会背《女论语》，背完以后还要明白其中的道理。早间 15 分钟读诵，然后用半个小时学习，此外在周六的下午至少有 2 个小时的主题、成系列的学习，学习完以后分享。如果发现员工情绪低沉，我们会帮他们找出原因。

此外，靳雅佳老师对我很有启迪，叫移风易俗，莫善于乐。

比如上周，我就让我们高管给我整理了七首歌曲，像《跪羊图》、《我爱我的母亲》、《推动摇篮的手》等。我让我的高管放上投影，放上背景音乐，让大家集体唱。唱完以后，我的高管给我打电话说大家都很高兴，决定每周都唱。这是很好的决定，因为我国古代的礼仪是用来调身的，乐是用来调心的。古代所有的乐，配备的曲子都很好，歌词也很高雅，这些乐曲传达给我们的就是“思无邪”。也就是说，你唱完这些乐曲以后，没有邪思杂念，只要把你的浩然正气、阳气都唱出来了，你的正气就足了，就不会抑郁了。

企业除了有家学还有家规。家规就是企业的《弟子规》。《弟子规》主要告诉我们做事要严谨、要有规矩。如果某件事出问题了，一定是在规矩上出了差错。

第三个是家道。我认为，企业的家道就是孝悌之道。2009 年，我一直考虑怎样把员工对他们父母的孝心引发出来，我怎么做才能让他们感受到。后来，我就给他们的父母写信，同时，我也把我怎么对待我父母的故事讲给员工们听。我以前有哪些做的不对，后来是怎么改正的，我怎么给我的母亲洗脚，怎么给母亲说道歉并请求她的原谅，这些我都跟他们分享。我在逢年过节的时候，都会包一些红包，我称其为孝金，然后把孝金分给我的员工让他们拿给他们的父母，因为我知道，他们几乎没有给过父母红包。一开始有的员工会把这个红包收起来自己留着，但是后来就不会这样了。

对员工在孝悌这方面的教育，我坚持做了两年。当时我只是想应该这样做，并没求什么回报。但是后来，我的员工不仅会孝敬自己的父母，还会孝敬我的婆婆，在我母亲生日时，给我母亲买衣服。我现在出来讲课，他们就会给我发短信，提醒我要注意身体，并让我放心，告诉我他们在公司里和家里一切都做得挺好。

去年年底，大连举办了“魅力盛典”活动。我被评为“大连市公益人物”。当时我正在吉林讲课，得知这个消息后就赶忙回去参加这个活动。当我上台领奖时，那些工作人员说：“在你领奖之前，让你先听听你的员工怎么看你吧。”我当时很惊讶，一边听着，一边流眼泪。公司里年轻的员工对我说：“陈总，我们挺你！”还有的说：“陈总，你放心吧，弘扬传统文化是好事，你在外面弘扬，我们在家里弘扬。”他们对我说的话都是真心诚意的，所以我觉得，经营一个企业

不需要你煞费苦心地去管理，只要你用真诚的心去面对就可以了。你怎么在家里做妈妈，怎么在家里做太太，你就怎么在企业里做老板。就像爱孩子那样去爱员工，像教孩子那样去教员工，教给他们最根本的做人的道理，使他们明白"德为财土"的道理，懂得有德才有财，如果没有德行，你拿到的财也是凶财，会给你带来灾祸。

我经常跟员工说，我们的钱不仅要挣，还要挣得安稳，因为我们要安安稳稳地过日子。有的员工不理解，于是就离开了企业，有的后来又回来了。最终留下来的这些员工，都是一心一意地在企业里工作，而且非常认可企业的文化，他们都不会计较钱多钱少，只要我说了，他们都会尽心地去做。其实，我自己也有过动摇，也有过困惑，因为一直都走在正道上的确很难。好在我天天都在学习圣贤的教育，所以能及时醒悟，知道哪些想法不对，哪些做法不对，只要稍微一偏，我就赶快把自己扭过来。这些，我也都会给员工分享，告诉他们怎么做才正确，才入理，才入法。所以我认为，无论在企业中，还是在家庭里，做事的关键就是看你的心，心正了，外面一切也都正了。

我们家的保姆离开后，我决定不再出来讲课了，想在家里落实女德，家里的活也挺多，我也愿意收拾屋子。后来，一位员工跟我说："陈总，如果你有机会去讲课还是别放弃，我每周一、三、五到你家去帮你收拾家，打扫卫生。"我觉得过意不去，想到让一个员工到家里干保姆的活，拖地、收拾衣服什么的，真是不好意思。于是我说，如果我要去讲课，其实可以找一个钟点工来帮我收拾家。结果两天后，这个员工说，找那些钟点工都不如让她来做可以更放心。直到后来，都是这位员工帮我收拾家的。我的父母也跟我生活在一起，目的是为了要帮我。我妈妈做饭，爸爸就买菜、交水电煤气费什么的。我爸爸以前是局长，现在每到需要的时候，都是他开车。这时，我就会跟妈妈开玩笑说，妈妈真是有福气，你看局长都给你当司机了。

想把家里调整好，其实很容易。那就是，做每件事都用平常心去做，以爱心为准则，不求回报，把所做的每件事都当成是自己的本分。该是你的就是你的，不该是你的就不要去胡思乱想，让自己拥有一颗清静的心，能做到这点，我们的心灵就有了归属。

记得刘苏老师跟我分享过她的一个经历。有一年她参加了一个三八妇女节座谈会，这个座谈会有20多人参加，全是女老板，只有她是个平民百姓。一开始她并不想发言，可是听了十来个女老板的发言后忍不住就说话了，因为这些女老板都是在讲自己的企业有多大，一年可以挣多少个亿，自己的丈夫多差劲，还有人说婆婆不好。于是，刘苏老师就说，在一个家庭里丈夫是天，把天弄下来，弄个翻天覆地，这样，做妻子的就能找到自己的归属了吗？就有安全感吗？作为女人要找准自己的位置。女人钱多，长得漂亮，家里背景好，就耀武扬威，不把自己的丈夫放在眼里。但是冷暖自知，这样的家庭真的能带给自己幸福吗？听完刘苏老师的话，大家都很漠然。记者把这些都记了下来了。第二天报纸上就写出来题目为《三八妇女节，来为丈夫说几句话》的文章。然后，刘苏老师的手机就响不停了，都是这些女企业家的丈夫，他们说，自己的妻子当天回家就开始反省自己，因为自己的行为使家庭生活并不幸福。

所以说，女人要学会谦卑，要懂得柔顺。不管我们在事业上多么成功，首先要看看家庭是不是和睦、幸福、温馨，夫妻间是否恩爱，是不是把自己的孩子教导得很好。我认为，对孩子来说，学习好并不是最重要的，最重要的是学会做人，懂得做人的道理，因为只有这样，

将来在社会上才有立足之地。

我跟大家分享这些，也是在跟大家共同学习，共同提升。今天早上，我婆婆就打电话鼓励我，让我讲好课，把中华传统文化传播出去，让更多的人明白这些道理，因为好的东西千万不能断。我婆婆是一个很严厉、很挑剔的女性，我跟婆婆相处 17 年了，她从没有当面夸过我。在前段时间，她跟我说，她亲眼看见我这些年的变化，嘱咐我不仅要把传统文化讲给大家，也要把自己的变化讲出来。我也知道，自己以前也有做得不好，也有过困惑，有过抱怨和不满，只是没有做出出格的事情，没有做过太有悖于礼的事情。我想这一是因为小时候有好的家教，另一方面就是因为很有幸能学习传统文化，能够明白这些道理。所以，学习传统文化，学习女德就是一个不断改变、不断反省的过程。古人讲回头如意，你能够懂得回头，你的生活自然就如意了。

怎样教导孩子更有效

可以说，每一位母亲都是望子成龙、望女成凤的，母亲那份期待儿女成才的心是最无私、最坦诚的。在现代社会里，也有越来越多的母亲开始关注该如何教导儿女，什么才是真正的教子之道。

古话说："母仪先于父训，慈教严于义方。"母仪就是做母亲的法则，这个法则要比父亲的教诲先一步，所以说，做母亲的首先要懂得怎么做。我一直很喜欢和大家分享的就是教子这门课，因为我在教育两个儿子的过程中体会很深，感悟颇多，也看到了孩子的变化和我自己的变化。

所谓“教学相长”。孩子就像母亲的一面镜子，孩子身上的缺点和不足，就反映了母亲身上不完善的地方。那么，我们教育孩子最关键的一堂课是什么呢？就是“孝亲尊师”。孩子懂不懂得孝顺父母双亲，知不知道要尊敬师长，这个很关键。能够明白这个道理，然后一点一滴地去做、去落实，这就奠定了他一生的幸福根基。

《弟子规》共有七篇，第一篇就是“入则孝”。就是说，进入人生这条大路，要想一生平坦、快乐，就得落到这个“孝”字身上。古代圣贤告诉我们要孝亲，“身体发肤，受之父母”这句话让我们体会到父母对我们的恩德有多大、有多深，尤其是自己的母亲。不养儿不知父母恩，母亲怀胎十月不容易，对孩子三年喂养不容易，还有母亲对儿女那种惦念不容易。我也是在有了自己的儿子之后才渐渐明白，母亲的爱到底是一种什么样的爱。父母与我实为一体，我爱自身，应孝父母，融入母身，便是孝亲。

“孝”上面是老，下面是子，上一代与下一代合为一体，就是“孝”。那么，平时在生活中我们跟孩子相处，怎么才能把孩子的孝心启发出来呢？这就需要做母亲的智慧和德行了。

在一次教课的时候，我遇到一位女性。她说，她的女儿20多岁，在一家外企工作，工资挺高的。虽然还是跟父母住一起，但从来没给家里交过钱，这位女性很爱她女儿，所以也没提出什么意见。有一天，她女儿买了一大堆好吃的，到家后直接进到自己的房间，然后一边玩电脑一边吃东西。这位女性进到房间后，看到有这么多好吃的，就顺手拿出来吃，没想的是，女儿却对她说：“谁让你吃的？”听到女儿这

话，这位女性的心就一沉，她生气地说："不让吃就算了，那就不吃！"然后转身就要往外走，这时女儿又说："吃人家的东西也不知道谢谢。"听到这句话，这位女性就非常伤心，她跟我提起这件事的时候一直在哭，听到这些，我的心也很沉。

在古代的女德教育里，讲到"母仪"的时候就提到，"慈爱不至于姑息，严厉不至于伤恩"，姑息就容易导致放纵溺爱，伤了恩情就容易恩断义绝，所以，慈爱要讲究方式、方法。这句话给我的触动很大，于是我就想看看我的儿子是一种什么样的表现。

恰好有一天，儿子的书架上有一个同学送给他的巧克力蛋糕，我就对儿子说："儿子，这块蛋糕妈妈拿去吃了。"他当时没有说什么，于是我就吃掉了。过了一会儿，他写完作业就找我，说我还学《弟子规》呢，吃人家东西也不说声谢谢。我就让他把《孝经》找出来，把《开宗明义》篇给我读一下。然后我让他给我解释一下，什么叫"身体发肤，受之父母"，他说就是我的身体头发都是爸爸妈妈给的。我说你连头发丝都是妈妈给的，那妈妈吃你的一块蛋糕没说谢谢，你就这么指责吗？然后他就低下头，说好吃的应该给妈妈，你也不用跟我说谢谢了。

没过多久，同学又送他好吃的，他就写了一张小纸条放在上面，特意放到我房间，写的是："妈妈你辛苦了，你有好吃的都想着我们，现在儿子来报答你了。"所以说，让孩子有孝敬父母的心，需要父母耐心、细心地去教孩子，从生活的每一件小事中去启迪他、教导他。

"身体发肤，受之父母"，要教导女孩子，就一定要告诉她，不能去堕胎，不能伤害自己的身体，这样是不孝的。而且，人要知耻，人要不知耻，没有羞耻心，做事就没有原则，就不可能得到真正的幸福，也不可能取得成功。“建国居民，教学为先”，每一个家庭，都需要道德的教育。

父母与自己实为一体，什么是一体呢？就是说，自己跟妈妈身上流的是一样的血，跟妈妈的所思所想是一样的。所以，自己的钱应该没有任何条件地给父母，有好吃的、好喝的，应该先给父母吃。然而，在现在的家庭生活中，这的确是最缺失的一门课。比如，现在很多孩子过年都会有压岁钱，但是就是因为每年都给孩子这个压岁钱，就会让他（她）有私财的概念，认为这个钱是他自己的。给孩子压岁钱其实是在培养他（她）自私自利的心，这种自私心越来越强，他跟妈妈就不一体了。我的孩子从小就没有压岁钱，朋友、同事、员工有的时候会给孩子压岁钱，但这些钱孩子都一律交给我。

一开始让儿子把钱交给我的时候，儿子很不痛快，但是后来就不用我说了。一次，我先生的朋友到我们家里来，给了我儿子压岁钱，我不好收也不好推辞。我儿子左手拿来，右手就递给我，说妈妈收着吧。这时，先生的朋友就很惊讶，我儿子说：“我妈妈拿我的钱都去做好事了，买传统文化的书送朋友，帮我积福。”有时候我母亲会给他 10 块钱，看得出来，儿子觉得这 10 块钱已经很多了，所以他很珍惜。

今年过年期间，我跟我儿子一起看胡小林讲的《孝亲尊师》，主要讲他是怎样去伺候生病的父亲，他每天看护着父亲，为父亲擦洗，非常不容易。看完之后那两天他话很少，像是在思考着什么。然后他跟我说，胡小林老师是他的榜样，因为胡老师对他的爸爸那么好。他还从他的 10 块钱里面拿出了 2 元，让我把这 2 块钱交给胡老师，让胡

老师给他的爸爸买点好吃的。我当时眼圈都红了，我告诉他，胡老师的爸爸已经不在了，然后我儿子就愣了。我就告诉他说："树欲静而风不止，子欲养而亲不待"，孝顺父母是不可以等的。然后儿子说："那就给胡老师，让他买点好吃的，告诉他保重自己，我会向他学习。"

对我来说，儿子的成长过程，也是我的一个自我提升过程。我特别感谢我的两个儿子，尤其是我的大儿子，他曾经不是很乖，以前对弟弟不好，又喜欢占便宜，甚至拿过我的钱。后来我用《弟子规》来教育他，用传统文化来引导，他就渐渐懂事了。我讲课要讲教育孩子时，问他可不可以拿他的成长做为例子，想给大家讲他偷拿妈妈钱的这件事。他很认真地说："妈妈你讲吧！"我说你长大以后再看不会生气吗？他说他不会生气，因为他都改好了。他愿意让我讲，因为别的孩子可能还不知道这样做是不对的，我讲出来，他们就会变好了。所以，孩子在成长的过程中，点点滴滴的孝心都是做家长的以自己的言行来播洒下的。

前段时间，我去外地参加一个论坛，走的那天上午我的小儿子正在发高烧，我就犹豫还要不要去。这时，我父亲说由他来照顾孩子，况且答应了人家，又买好了机票，就让我放心过去。

第二天上午，一讲完课我就给父亲打电话，因为我心里很惦记他们，父亲说："孩子的烧都退了，家里没事。"然后我就赶紧买机票回家，回到家看到父亲的头上包着一个纱布，我问："爸，你的头怎么了？"他说："你走的当天晚上，我不小心碰到柱子上，现在也没事了。"我问父亲为什么不告诉我，爸爸说是怕我担心家里而影响了讲课。

每一次观众的掌声，我认为都是给我父母的，而不是给我的。如果没有父母，没有父母的教育，就没有今天的我。我父母的德行非常深厚，我自己无论是在学业上还是事业上，乃至家庭生活方面，能够很平安、很幸福，我觉得都是因为父母的积善。“积善之家，必有余庆”，所以我非常感恩我的父母。

我的母亲是一个很平淡的女人，很安于自己的生活。以前我父亲做领导，退休的时候，我母亲非常开心，他说父亲退休了，以后家里就没有那些送钱送礼的人了，家里终于清净了。父母都是本本分分的人，他们知足常乐的生活态度，对我的影响都很深。

你愿意代替父母无怨无悔地受一切苦，你能够把你面对的一切快乐都和父母分享。看到父母高兴你就高兴，看到父母忧伤你就忧伤，能够在自己所有的德行上不亏欠，不让父母觉得受到侮辱。

“能不辱身，便是荣亲”，这个“不辱”就是孝。孝有小孝、中孝、大孝三个层次。小孝，又叫敬养，能够以恭敬心去奉伺自己的双亲。对父母要有恭敬的心，要有顺从的心。给父母钱财也好、东西也好，如果不注重方式方法，这个心意就没有到，所以父母就感受不到你的爱。中孝，第一是不伤身，第二是不辱亲。不辱亲就是我们平时要把《弟子规》里的每一句话都做到。《弟子规》就是人生最根本的根基，你要明白自己为什么要这样做。

我儿子问我：“妈妈，人为什么要成圣成贤?”我说：“人成圣成贤才能真正幸福、快乐地生活，因为你这样做本身就快乐。”看他不明白，我就又跟他解释说：“你想，如果一个人自私自利，他只爱他自己，从不关心别人，那么别人也不会爱他了。但是如果一个人

能把爱心带给身边的每一个人，他愿意爱1万人，10万人，那么这些人同样也会爱他。那么，你是愿意一个人爱你好呢，还是10万个人都爱你好呢？”儿子说：“当然是10万个人都爱我好了。”

有一次，我儿子要竞选班干部，于是他就问我：“妈妈，我要不要竞选班干部？”我说：“你要想清楚，你想当班干部是为自己还是为大家？如果你觉得自己当班干部很荣耀，你参加竞选我就觉得很丢人。”然后，我告诉他，当官如果没有造福百姓的心，当这个官就没有意义。我让他想清楚之后再告诉我，第二天他很正式地对我说：“妈妈，我想清楚了，我很想为班里的同学做点事，我要参加竞选。”并且，他说自己想竞选生活委员，因为他觉得生活委员可以帮助大家做很多事。我对他说的话表示赞成。

后来，他如愿当上了生活委员。但是选上没几天就发生了一件事情。那天他带领小朋友一起玩，其中有一位小朋友想单独玩别的游戏，他没有劝说那个小朋友，而是硬要让那个小朋友过来跟大家一起玩。这个小朋友就生气了，然后拿着雪扔他。我儿子很生气，回到家之后对我说那个小朋友品行不好，以后要远离他。我对儿子说，传统文化告诉我们一个很好的道理，“行有不得，反求诸己”，让他应该反省自己哪里做得不好。我儿子说：“大家都在一起玩，只有那个小朋友非要玩别的，他才需要反省自己。”我说你要是这样，就得不到快乐。然后他想了一晚上，第二天问我：“妈妈，你能告诉我怎么反省自己吗？”我说：“你领着这些小朋友去玩，你是不是头儿？”他说是。我说：“那你就像妈妈在家是一家之主，领着家里人过日子，如果妈妈偏心弟弟，你会不会生气，给妈妈发脾气？”他说：“会呀！”我说：“所以，做母亲要有宽广的胸怀去爱身边所有的人，不能偏心。你也要用平等的心去爱每一位小朋友，要考虑到每一个人的需要。你在玩的时候就应该想着，这个小朋友在那边孤单单的，那你就应该过去问他要不要过来跟大家一起玩。你问都没问，人家当然要生气了。我们常说宰相肚里好撑船，就是说心量要大，什么样的人都能包容，才能当好领导。”

我儿子听完后很高兴，说：“妈妈，这个反省我明白了。但是如果我跟别的小朋友再有矛盾，应该怎么办呢?”我说：“很简单，那就是忍，除了忍就是让。”他说：“如果他错了，我忍不了呢?”我说：“那你也要忍。”他说：“如果老师找我，那我就把真相告诉老师，说是他错了呢?”我说：“如果你能承担责任，告诉老师是自己做得不好，并请求老师也原谅那个小朋友，这样的话，你才是真的懂事，老师也会在心里认可你。”然后他说：“妈妈你放心吧，我会按照这个去做。”

每当孩子遇到困惑的时候，我都要用真理去指导他，让他明白做人做事的道理。我儿子性格比较内向，在一年级时，他没有多少朋友，很孤单。他喜欢下围棋，喜欢自己画画，他会背很多古诗，以为自己懂得多，自恃很聪明，就不把别人放在眼里。我学了传统文化，尤其是女德之后，就教他要谦卑，要礼让，应该团结同学。当我给他讲这些的时候，他也很高兴。现在，他说大家都愿意跟他玩，因为小朋友们都觉得他不跟人计较。

所以说，父母用圣贤的理论去教育孩子，孩子的一生都会很受用。

德行教育的前提是什么

不辱的含义其实很深广，比如，我在教孩子学习《教子 28 训》的时候，讲到如何择友，如何穿衣，如何吃饭，怎样做到仁义礼智信，怎样不奢侈、不傲慢、不嫉妒，所有这些德行都是不辱身，都是我们应该尽的孝道。

如果一个人在他的工作岗位上没有尽职尽责，还可能会贪赃枉法，但是他对父母却很好，他会给父母买东西，给父母洗脚盛饭，如果我们说这是孝，其实是不对的，因为这不是真的孝。

真正的孝需要有宽厚、博爱的心。比如宋朝宰相寇准，他小的时候家里很贫寒，父亲早年去世了，母亲带着他非常不容易。等他考上进士的时候，母亲身体已经很不好了。在母亲要去世的时候，嘱咐女佣刘妈，如果寇准将来哪里做的不对，就把一幅画交给他。

后来寇准当上了宰相，有一年他过生日，在家里摆了戏台，同时宴请同朝的幕僚和家里的乡亲来庆祝。看到寇准如此奢靡，刘妈就把那幅画拿出来交给了寇准。寇准一听是母亲的东西，就跪下来把这幅画接住了，他打开画，看到一位老母亲在纺织，旁边是一个孩子在读书，上面还写有一首诗："孤灯课读苦寒心，望尔修身为万民；勤俭家风慈母训，他年富贵莫忘贫。"这是母亲告诉他不要忘记慈母的教诲。他看到这幅画泪如泉涌，想到当初母亲的教诲，然后把戏台给取消了。

有一次皇帝赐给寇准金箔，他奶奶看到以后就伤心地哭了。他问奶奶为什么哭？奶奶说："你母亲死的时候，连一块盖住身体的布都没有，哪知你今天这样富贵！"寇准也很难过，然后一辈子不沾一点私财。寇准把对母亲的孝变成对全民的孝，变成对全民的爱，把这种私爱变成大爱。这正是母亲的教诲成就了一代名相，也成就了一国的福祉。

所以说，今天的母亲不要小瞧了在家里教育孩子这件事情，你不只是在教一个家族的未来，也在教一个民族，甚至一个国家的未来。

治国平天下的大权，一半都交在了女子的手中。为什么这样说呢？因为有贤女才会有贤妻，有贤妻才会有贤母，有贤母才会有贤子，有贤子社会才会有良将贤才，这是社会规律。如果母亲毫无德行，却想培养出很有成就的儿子，这是很难做到的，几乎不可能。

自古以来有很多案例都可以说明，要想让我们的社会和谐，就要从母亲懂得孝道开始做起，这是根本。

我儿子小的时候，很喜欢名车，也很喜欢钱。但是从 2009 年初，我开始学习《弟子规》，也经常讲给他听，他就开始改变，有时候他说出来的话也不是我教出来的。记得有一次，他爸爸想换一辆新车，他爸爸就把新车的图片给儿子看，然后问儿子："你觉得这个车怎么样？"那时候儿子才只有七岁，爸爸本以为儿子会赞叹，因为儿子很喜欢车，可是没想到，儿子只是看了一眼那车的图片，就放

在一边也不吱声。我先生又问他："你到底觉得怎么样？"儿子说："咱们家已经有好几辆车了，够用了，这个车是不是很贵？其实爸爸可以用这些买车的钱，去帮助更多穷苦的人。"听到儿子这么说，我先生当时非常震惊，他很激动地问我："咱儿子现在怎么变了？他以前不是这样的，你教他学什么了？"我说："我们在家学《弟子规》，学做人，学怎样能够把做人的道理搞清楚。"

关于如何看待金钱，我对儿子说："孩子你要想想世上哪些东西是用钱买不到的，用钱买不到的东西才更应该珍惜。"他脱口而出说："妈妈用钱买不到。"我说："对啊，爸爸、妈妈、爷爷、奶奶、弟弟都是用钱买不到的，真正的爱情、友情也是用钱买不到的。"同时我告诉他："人要有德，德才是根本，所以心里要存一个'义'字。做事要循天理，说话要顺民心，你不能做违背天理的事，说违背人心的话，这样不会得到幸福。"

就这样，我一点点地教他，渐渐地，他对金钱就看得不重了。

母亲要给孩子做出榜样，你不能这边把钱看得很重，那边却拿一大堆道理讲给孩子听，你首先要在现实生活中真正做到。从2009年开始，我一直在免费为儿童开设经典文化学习班，主要是给会员和朋友的孩子上课。当时我儿子问我："妈妈，你怎么不收费？"我说有些东西不是用钱能够买到的，所以不收钱。我认为，言传很重要，但是身教更重要。

孟子的母亲、孙叔敖的母亲，还有古代大将子发的母亲，她们都是首先自己做到，然后才用道理去引导孩子。

此外，在生活中，孝悌之道一定做到，这个"悌"道就是友爱。

古代的圣贤说："兄弟姊妹，手足骨肉，痛让相关，休戚与共，兄爱弟敬，和和睦睦，相亲相爱，家庭之福。"这讲的就是悌道。《弟子规》也讲"入则孝，出则悌"。现在的家庭，多数都是独生子女，要想让这些独生子女把"悌"道落实，就是让这些孩子在亲戚朋友之间，跟自己的同学、好朋友都能友好相处，彼此间能当成自己的兄弟姐妹去对待。

我在家里教育两个儿子，并不太容易，有时候他们会相互指责，然后就打起来。这时，我就会让他们都去反省自己，对他们说："各自责，天清地宁；各相责，天翻地覆。"小儿子要比他哥哥乖很多，他经常去帮助别人，比如给他拿一盒草莓，也不用嘱咐，到了幼儿园他就会分给小朋友吃，甚至自己不吃，所以他很少让我操心。

我的大儿子会调皮一点，我就对他多引导一下。现在，他越来越懂事了。我经常跟他讲，要爱弟弟。有一次，因为那时我父母回老家了，没在大连，我大儿子就跟我说："妈妈你去备课，今天我照顾弟弟。"那一天他表现很好，陪着弟弟玩儿，晚上他还给弟弟又洗脚又讲故事。我有一个毛病，就是思考问题的时候表情很严肃，因为那天我一直在备课，所以我的表情一直很严肃。等到小儿子睡下了，也挺晚了，我才发现大儿子缩在角落里很伤心的样子，还在流眼泪。我问儿子你哭什么呀？他不吭声，我又问他怎么了？他说："妈妈，今天我好好地照顾弟弟了，可是你怎么没笑呢？"然后又接着说："妈妈，你们大人说做好事是积福，我做好事没有想过要积什么福，只是希望妈妈能笑，换不来妈妈的笑容，我觉得很难过。"听

到这些话，当时我就哭了。我搂着大儿子说："妈妈错了，妈妈以后一定会多笑。但是你要多提醒我，因为有时候妈妈一不注意就可能忘记了。"

去年5月份，大儿子入少先队。当时接到学校的通知书，说要家长到学校来参加入队仪式，同时要给孩子准备一份礼物。儿子把通知单给我之后，我就一直在想该准备什么礼物，最后，我决定给他钟茂森老师讲的《母慈子孝》的光盘作为礼物。

入少先队那天早晨我到了学校后，开始还想去他们学校门口的小商店包装一下这张光盘，然后发现商店里人很多，而且包装费很贵，就没包装。他们这个年级大概有二百来个学生，这些学生的家长拿书给孩子做礼物的都很少，绝大多数家长拿的都是玩具、吃的、书包这类东西。当他们的入队仪式结束后，家长都把礼物送给孩子，这时我也把光盘给了儿子。我儿子的表情一下子变得非常失落，他看看周围的同学，然后对我说："妈妈你拿的啥呀？没看到人家都是玩具什么的吗？"我当时心里也挺沉重的，眼睛都红了，说："儿子，玩具是玩不出一个圣贤的，玩一辈子也长不了一点见识，但是这个光盘咱们一块儿看，妈妈就知道怎么爱你，你就知道怎么孝敬长辈，这里教给我们的是真东西，你会一辈子受用，不知道比玩具强多少倍。"

听了我说的话，儿子也没吱声，就勉强收下了。但我想我的这番话一定震动他了，晚上吃完饭呆了一会儿，他就跟我说："妈妈，要不这张光盘咱俩看一下？"我就跟儿子一起看，看完以后儿子就搂着我说："妈妈，我也要做钟老师这样的人，我也让你做像他妈妈那样的妈妈。”我当时真的特别感动，我说：“妈妈还给你写了一封信，钟妈妈常给钟老师写信，以后妈妈也常给你写信。”

亲爱的大儿子张坤鹏，你好！接到你们学校的邀请函，请我周一参加你们的仪式，并要我准备一份礼物。我想了一晚上，还是有必要给你写封信。妈妈很爱你，你是妈妈怀孕生下来的第一个宝宝，妈妈直到去年学习了传统文化才知道爱你的方式错了，没有让你走上成圣成贤的道德之路。去年我们母子一起学习《弟子规》，你变得越来越懂事了，知道如何友爱弟弟，如何关心父母，妈妈打心眼里高兴。这个周六，妈妈和你还一起做了义工，清洁公共卫生间。公共卫生间很脏，尤其是男卫生间，你不怕脏和累，干了一上午，真的让我感动，我现在才明白，孩子你的天性是纯净纯善的，来到世上作为母亲的我不知道如何教你。现在我学习古圣先贤的道理明白了，享福就是消福，做妈妈的应该懂得如何让你积福，从小做一个有孝心、有爱心的仁者，而不是自私自利、吃喝玩乐的人，在这个特殊的日子里，妈妈送给你一份祝福，祝福你一生行走在爱心的道路上。

寒假时，儿子也写了一篇日记，是给我的，名字叫做《我爱我的母亲》，文中他写道说：“母亲经常出差，因为总有人请她到外地讲传统文化，总是很辛苦。每天母亲回家我都会说‘妈妈好，妈妈您辛苦了。’不管妈妈怎么对我，我都很爱她，很恭敬我的母亲，因为她比爸爸更爱我。有一句话是‘父母恩重如山’，就是父母对你的

恩德比山还重，比天还大。如果你不恭敬父母，你能想到后果有多严重吗？古代有二十四孝的故事，没有一句是说不孝顺的孩子是能够长寿的。所以大家以后一定都要孝养父母。”

其实，孩子特别好教育。还记得有一次，两个孩子闹矛盾，我就跟大儿子讲，我说：“兄弟如手足，这种手足骨肉之情是不可以伤的。”然后我就把二十四孝里面的两个故事给他讲了一遍。

第一个故事是这样的：一个姓田的人家有三兄弟，兄弟长大之后想分家。当时院子里有一棵紫荆花树，他们把所有的财产分成三份，最后想把紫荆花树也砍成三份然后分掉。结果，第二天就发现紫荆花树枯萎了。这时，兄弟们才醒悟过来，知道树本同根生，不可以去砍掉。我们兄弟怎么能只重视钱财，不重视兄弟之情，这么绝情绝义呢？然后就决定，要合为大家，不分家了，没想到紫荆花树就又活了过来。

第二个故事讲的是赵孝争死。汉朝的时候，有一对兄弟叫做赵静和赵礼。有一年天下饥荒，粮食欠收，于是盗贼作乱。结果，盗贼抓到了弟弟，要把弟弟给煮了吃。哥哥就非常着急，找到盗贼说：“我身体好，你来吃我的肉，把弟弟给放了。”弟弟说：“你先抓到我的，先吃我，不要吃我哥哥。”后来盗贼被他们兄弟的情义感动了，就把二人都放了。

听完了故事，儿子搂着弟弟说：“妈妈，我永远都爱弟弟。”

孔子说：“学而时习之，不亦乐乎。”习是温习、实践，也就是说你只有做到了才会感觉到快乐。如果你光学了，没有用上，你就没有快乐。你没有体会到快乐的话，就会觉得学习是很苦的事情，然后就不愿意学了；而如果你能尝到这种快乐，就愿意学。在通往圣贤的路上，带着道德行走，也应该是一个快乐的过程。

有人问我："你教孩子学这些，将来他会不会吃亏，会不会碰上坏人?"我说没有这个道理，物以类聚、人以群分。我教他做人的道理，他的德行会帮他，将来他身边聚集的人也一定都是贤良的人。也因为我的儿子懂得这些圣贤的教育，他能做一个有德行的人，他会一辈子都无忧无虑，所以我可以安心地离开这个世界。如果我没有教他这些，他可能就会与坏人为伍，以恶人为师，将来他的生活就会令人担忧。

我把"吃亏是福"四个大字贴在儿子写作业时一抬头就能看到的地方，然后告诉他，我小的时候爷爷奶奶怎么教我的，我说："妈妈现在很幸福、很快乐。因为这个道理我懂了。每当心里不舒服的时候，我就拿这四个字宽慰自己，所以现在生活很舒坦，你也要天天看它，而且要照着做，就这样一代一代地传下去。"

懂得孝敬父母，就会懂得尊敬老师。我认为，要让孩子尊敬老师，做父母的也应该先来尊敬老师，父母要给孩子做个表率。我儿子在刚入学的时候，他也对老师有意见，说老师偏心，让我去找他的老师。我说我不去找，班里四十几个孩子，如果每个家长都去找老师，老师岂不是累坏了。我告诉他，应该自己反省一下，他说有小朋友欺负他，明明是那个小朋友错了，老师却说是他错了。我说："严师出高徒，你要好好想一下，应该从自己身上找原因。"

每到教师节的时候，我都会和儿子一起做贺卡，写上对老师尊

敬的话，不管是英语老师、语文老师、数学老师还是地理老师。所以，每个老师对我儿子都很关注、很关爱，同时也很严格地要求他。我也对老师说："您要严格地要求他，他挺贪玩的，您打他我都不怪您，我知道打也是为了孩子好，作为母亲我特别感谢老师。"有这个尊敬老师的心，孩子在学校里才能真正地把学业学好，才能跟同学真正团结在一起，才能在学校里生活得很快乐、很安稳。

第五篇

圣贤教育打造幸福生活

谷爱林老师： 生于山西省大同市的一个农村，现为北京企业家，也是畅销书《我怎样做亿万富翁的太太》的作者。现在致力于研习中国传统文化，在女德方面为我们树立了很好的榜样。

我姓谷，大家都喜欢喊我“谷大嫂”。我出生在山西大同一个贫穷的家庭，家里姊妹 7 个，我是老六，从小没上过什么学，一张毕业证也没有。为啥能够登上这个传统文化讲台？这要追溯到 2009 年 7 月份，当时我丈夫正要去唐山参加传统文化论坛，主办方的一个老师去过我们家，他看到我们家三代住在一起，家庭很和谐，我丈夫的事业也很成功，3 个“90 后”的孩子也都懂礼，就建议让我跟着丈夫一起来参加。我就一起过来了，现在就在这里和大家分享一下自己的心得。

其实我不敢到讲台上来，一说要当着这么多人说话我就特别紧张，但是我丈夫特别支持我。他说你不会写稿子，但是你会做，你咋做的就给大家说说吧。我就这样被战战兢兢地推上了传统文化的讲坛。唐山那次论坛分享完以后，去年我跟着传统文化的论坛，到全国各地60多个城市去演讲。但我真是一点特长也没有的人，只能怎么做的就怎么说了。

每次上台前，我都特别紧张，刚开始分享了几次后，我说啥也不敢上台了。我跟丈夫说："以后论坛我不敢讲了，每次讲完，头上冒汗，心跳加快。"我丈夫说："《弟子规》上说，'父母呼，应勿缓'，你以为你妈叫你才是父母呼啊？"我说："我妈不叫我呼，谁叫我呼？"我丈夫说："祖国就是妈妈，祖国让你给大家聊聊，你毛病还很多，还出汗、打颤。"听到这话我就挺惭愧的，我说："原来上台分享还能为社会做点贡献呢，我真的不知道我还有这点功能呢！"

有位老师说："谷大嫂，你上台功能还是挺多的。"我说："我有啥功能？"老师说："能把台下正睡着觉的说醒了，还能把不会笑的讲笑了。"我说："这个功能算什么功能！"老师又说："有一个功能很重要，能够把想离婚的讲得不离婚了，把离了婚的能讲复婚。"于是我就想，原来讲课还有这样的作用，下次不再打颤了，我要随叫随到。我不会写稿，记性也不好。记性不好到啥程度？刚吃完馒头，别人问吃了几个，我都不知道吃了几个。我恳请大家，如有不对的，用词不当的，请批评指正，也要多多包涵。

其实，我在家里就是一个伺候家人的家庭妇女。在家里，大部分时间都是站着，包括吃饭的时候都是大家坐着我站着，因为这样方便给大家端饭、盛菜。第一次参加论坛，老师说坐着讲呗，我说这讲台哪是我坐的，就站着讲吧。其实我坐着时间长了腿会疼，站着就不疼。

记得刚到北京的时候，我们也没钱，于是就租房子，买不起新自行车，只好花50元块钱买了一辆旧的，就这样开始在北京创业。随着时间的推移，我们的生活越来越好了，有了房子也有了车，三个孩子也都听话懂事。学了传统文化之后，我才明白，“积善之家，必有余庆”。我们有今天的福气，是因为我们的长辈，婆婆、公公、爸爸、妈妈给我们积了德。

一味地攀比是一种肤浅

没有学习传统文化之前，我们家已经买了几辆汽车。有一次丈夫问我：“咱家有几辆汽车？”我琢磨半天，没弄清是几辆，房子也有几套，但也没弄清楚到底是几套。我就是这样稀里糊涂地过，反正就是有房买房，有汽车买汽车，一直就这样过过来的。

家里日渐富裕，我们的孩子也一个一个地出生了，1991年一个姑娘，1992年一个姑娘，1998年一个儿子。《弟子规》上说“见人恶，即内省，有则改，无加警。”我当时就觉得，我小时候家里没钱，没上过几天学，没学过什么文化，人家都看不起我，现在我赚了钱，可不能让我的孩子被人看不起，我一定要把我这三个孩子培

养成国家的栋梁之才。所以，我就想着怎么培养这三个孩子，就觉得要送他们到好学校，送好学校就能够培养出国家的栋梁之才。

于是，我就在北京给孩子找好学校，到处找。什么样的学校好呢？我以为，收费高的学校一定不差，于是，就把俩姑娘送到私立学校，一年 3 万的不行，有 4 万的就上 4 万的。儿子上小学的时候，在北大附小上一年级，初中的时候还到北大的一个教授家住。因为我们夫妻俩文化都不高，我想我们家里没有文化气息，人家教授家里有文化气息。其实，随着时间的推移，发现不是这么一回事。

孩子一回到家里，我就问他考了几个 100 分，在学校排第几名？因为我想啊，只要得高分就是好孩子。孩子在我的督促下，的确把分数考高了，名次往前走了。考高分我就给孩子奖励，他想穿啥就穿啥，想吃啥就吃啥。

那时候，孩子到什么程度了呢？我记得那时，到了放学的时候，儿子就给我打电话，他说让派车去接他，还告诉我不是宝马也得是奔驰，来个奥迪也能凑合。有一次，用一辆桑塔纳去接他，结果孩子在学校不出校门。司机在校门口等了一个多小时，他就是不出校门。司机给我打电话，问这孩子怎么不出来了？我说可能是老师找他有事呢，再等等。这样，一直等到全校学生都走了他才出来，而且他还挺不高兴的。回到家后我问他："老师今天找你有什么事？这么晚才回来？"他说用一辆桑塔纳来接，同学会笑话。

听了孩子这话我心里很难受。我想，我小时候骑个破自行车都不怕人笑话，你们有一辆桑塔纳还怕人笑话，这还了得。我自己着急不知道该怎么办，我丈夫特别有智慧。刚开始到北京的时候，没钱他就赚钱，现在看到这种情况，他就说钱解决不了的问题太多了。

于是，丈夫就开始到全国各地去学习。刚开始学费还挺贵的，在武汉报班的时候，5 天 3 万块钱的学费。终于有一天，他很幸运地接触了咱们的传统文化。他在北京上传统文化课，上了 4 天，回来后就知道应该怎么做了。他对我说："之前，咱们走的路有点偏了。"他说这个课特别好，让我也一起去听。我跟大家说，我从小就不爱学习，我记性也不好，上课还老睡觉。我想传统文化无非就是讲"之乎者也"的事，咱哪听得懂？心想去了也是睡觉。

我呢，有一个特点，就是听话，顺从。我今年 40 多岁了，在我记忆里，从来没有因为什么事让爸爸妈妈为我着急生气上火。结婚以前，我在家就听爸爸妈妈的话，结婚以后听丈夫的话，丈夫让干就干，丈夫不让干肯定不干。

这 40 多年我是怎么过的？我把自己的真情实感和大家说一下。

20 多年前，该到谈婚论嫁的时候，我也不会找对象。我记得，当年是我大哥给我介绍的，我爸爸给我做的决定。我爸爸说："就这个小伙子吧，虽然个头低点，但一定是个有志气的好人。"我就听我爸爸的话，嫁给了我丈夫。人家现在都说我很有福气。

我家姊妹 7 个，丈夫家姊妹 6 个，结婚这么多年，我自己回忆一下，没跟姊妹妯娌之间任何一个发生过冲突，也没红过脸。要说我有什么特长，就是听话不上火。

所以，这么多年我过得都挺幸福的。丈夫说让我也去学习，没问题，你让学咱就学，于是我就学习了传统文化。对于这个传统文化，开始的时候我学得也是稀里糊涂的。不过我想，一定要学到、悟到，才能得到。咱不要学那么多，多并不重要，重要的是真的明白了所学的知识。

传统文化课上有一位老师给我们说了一句话，我一直记着：惜衣惜食不为惜财，是为惜福，惜福再造福，才能真的常有福。

这句话是什么意思呢？就是说，咱稀里糊涂地把钱赚了，但是不懂得去挣自己的福报，因为花钱不是在花自己赚的钱本身，而是在消耗自己的福报。明白这个道理以后，我就从我做起。然后我在花钱这方面就开始转变，对教育孩子也开始转变了。有钱的确可以买到很多东西，但是你的福报是买不到的，那怎样才能得到福报呢？就是积德，怎么样积德呢？就是能天天为别人着想，能造福社会，为人类服务。后来我明白怎么积德造福，每天能做到让身边每一个人满意，让跟你接触的人对你百分之百满意，这就是在积德造福。我从自身改变，首先，我自己在花钱这方面就不再浪费了。跟大家说句实在话，以前有钱的时候，我不仅给孩子穿名牌，吃高档，反正包里面有钱，自己也是看到啥喜欢的，有用没用都买回家。

人家都说是格物难，就是说革除自己的欲望很难。这个格物我不太明白，但是我觉得我的欲望就是乱花钱。我的办法就是，控制自己的零花钱，当我想买东西的时候没拿钱，慢慢自己就不再乱花钱了。老师们都说身教大于言教。家长有一个改变，孩子才能改变，所以我的改变带动着孩子，他们也就改变了。

传统文化让孩子受益匪浅

我们夫妻俩接触到传统文化后，也在北京给 3 个孩子报了传统文化的学习班。我记得刚学完以后，3 个孩子就跪到地下哭得稀里哗啦的，他们说："妈妈，我们以前错了，不懂得孝敬，不懂得做人。"我说："孩子们，不是你的错，也不是妈妈的错，是咱接触圣贤教育太晚了。今天咱们有幸接触了圣贤教育，从此以后，咱们就按照圣贤的教育去做人做事。"我们是2005年开始学传统文化的，到目前为止，家里面发生了天翻地覆的变化，在这里我就和大家分享一下我的孩子们的变化。

学完传统文化课以后，我规定每周要开一次家庭小会。到目前为止，几乎没有间断过。每次开会都是我们一家5口人，还要在其中选一个记录员，一个主持人。我们的这个家庭小会，主要是进行心灵上的沟通，互相说一下自己这一周在工作、学习上有什么做的不好的地方，下周有什么计划，每个人都要去谈。最主要的是，在这个小会上，我们做了未来人生的计划。

以前在节假日，我们一家人都是去高级娱乐场所、高级商场去消费，去玩。自从接触了传统文化，先是开始参加公益活动，然后就自己做。我们会到敬老院、孤儿院去。在北京能找到的我们都会联系，后来有越来越多的人也来参加。再后来，我丈夫会带领大家，和员工一起做一些大型的慈善活动。

我们会带着孩子去偏远农村的希望学校去，那里的房子很破旧，孩子们三个年级才一个教师，那些孩子穿的衣服也是补丁加补丁。我们家的3个孩子看到这些，看到那些孩子的铅笔用的剩那么一点了还在用，对他们的触动很大。所以，我的孩子在花钱方面不仅不多花了，有了钱还捐给这些贫困的孩子。

没学传统文化之前，我儿子买的鞋都是阿迪达斯的，到了商场看见喜欢的就买，一双鞋八九百。学了传统文化后，孩子们不再随

便买鞋了，而是拿起以前的旧鞋穿。因为他听说，贫困山区的孩子，一年1000块钱的费用就够了。所以他跟我说，自己少穿一双鞋就可以让一个穷孩子上一年的学。此外，儿子还在班级里放了一个盒子，上面写着“慈爱捐笔”。总的来说，孩子们在花钱这方面的改变，受希望学校的触动是很大的原因。

以前孩子放学都是司机去接，自从学了传统文化以后，我知道了父母要和孩子多接触。于是，每次放学我就去接孩子，车里面也放了圣贤的光盘，就是老师讲《弟子规》的光盘。从学校到家的距离开车也就是半个小时，我为了让孩子多听圣贤教育，接孩子的时候我就把车慢慢地开，本来40分钟的路程，有的时候能开一个小时40分钟。我儿子说：“妈，你的车开得越来越慢了，比老牛车都慢。”我说：“妈妈是为了让你多听听圣贤的教育。”每天放学几乎都是这样，他们一上车就听圣贤的教育，思想集中，循序渐进。

我们家是楼上楼下有花园的房子，声音都是可以环绕的，楼下光盘一放，楼上的小院也可以听到。每天早上，我都让圣贤的教育声伴随着我起床。开始的时候，孩子们不愿意听，就把这个给关了。但是我不管他们愿不愿意，还是继续开。

孩子们和我一起参加的慈善活动也不知有多少次了，对我自己触动最深的就是敬老院的那些老人。我发现，他们在物质上并不需要多大的帮助，他们是缺少心灵的沟通，缺少关爱。现在，有钱的人只会给父母亲送钱，把父母亲送到高级养老院，自认为是挺孝顺的，其实真的不是这样，老人的心里不快乐。

有一次，我带领大家举办了一个给爷爷奶奶洗脚的活动，把那些老人们感动得眼泪汪汪。我认识一位阿姨，这位阿姨有3个儿子一个姑娘，4 个孩子都挺有钱，他们是开酒店的。所以，五星级酒店给这位阿姨住，该吃饭时都是服务员端过去。有时候，我会去看望这个阿姨。我跟她聊天，我说：“您过得挺幸福的，住的是高级套间，吃饭是服务员给端过来，太幸福了！”阿姨怎么说呢？她说她太痛苦了，比住监狱都难受。

这是真实的事情，所以我跟大家分享这件事情，不是说有钱就好，有钱也有痛苦的时候。这位阿姨还说什么呢？她说：“3 个月了，3 个儿子一个都没见到，姑娘两个月没露面，也没个人跟她说话，她感觉痛苦得不得了。”有车、有房就孝顺了么？不是，大家不要把这个当做孝。要我说啊，要自己照顾老人，多跟老人说说话，聊聊天儿。哪怕我们喝点凉水，只要一家人其乐融融，长辈才真的高兴。这也是我自己的体会，钱真的不是万能的。

以前每到节假日，我的孩子们都忙着报奥数班、口琴班、钢琴班，放假就是做这些事。学了传统文化，第一次开家庭小会的时候，我说既然百善孝为先，那就把家里的婆婆公公接到北京跟我们一起住。原来我们也觉着自己挺孝敬老人的，给他们钱，让他们住别墅。听了课又参加了那些活动后才明白，那不叫孝。所以我们就决定接他们到北京来一起住，这就是传统文化让我知道了怎样做人。

有一次我儿子跟我说，按照《弟子规》做人，才能成为真正合格的人。我说那以前咱们没学《弟子规》，咱们是啥？我儿子说那是披着羊皮的狼，仔细想想，还就是这个道理。

老大现在已经上大二了，老二上大一。这俩姑娘学完传统文化以后，变化真的挺大，再不提奔驰、宝马汽车了。学完传统文化以后，就决定不花那么多钱上私立学校了。老二的三年高中在天安门

旁边的31中上的。这个学校省钱，一年的书本费、校服费就交900块钱，三年交2700块钱就把高中上完了。高考之前开家长会，学校把我叫过去，说她三年的学校生活品学兼优，被评为三好学生。他们讲，这个家长教育孩子一定有方法，请我上去给大家分享一下教育孩子的方法。咱高中也没上过，哪懂得教育孩子的方法呢？也不会谈呀。我说老师，我们家孩子不是我教育的，是传统文化的《弟子规》教育的。我说，如果大家觉得我的孩子有什么优点可以学的，我车里面光盘和书要多少有多少，谁想教育，就拿回家里让圣贤教育，这就是我的教育方法。

去年孩子高考，填报志愿。老师说家长必须来，给孩子报考志愿，我给老师说，报考志愿这个我也不懂。老师说这孩子挺优秀的，报哪里都可以。我说只要身体健康，心理健康，哪怕是考扫马路，也是为人民服务。老师坚持说要考清华、考北大。我不会每天督促孩子学习，我老是说："孩子别学了，休息休息，眼睛别近视了。"孩子说："妈，不管怎么样，我考一个好的学校；老师也开心，你们也开心，你就再让我学习两天吧。"孩子就是这么一个情况。说实话，我也没有非让她考一个好大学，我就让她自己决定。她最后说考首都经贸大学是最好的，最后以高出40分的成绩被录取了。

我再给大家讲讲这个孩子高考那天的事。孩子高考了，人家的家长都是带着孩子高考，有的还吃一个什么状元餐。我跟我姑娘吃得很简单，一人一碗白米饭，要了一个菜两个汤，她给我夹，我给她夹，把菜吃得干干净净的。我坐在那儿，看到那些吃状元餐的人有的太浪费，心想我得感化感化这些人。我是这样想的，我得酝酿酝酿，声音不能太大，声音太大人家会反感，也不能太低，低了听不清。我说："一粥一饭来之不易，节约光荣，浪费可耻。"我就嘟囔嘟囔地说，说一遍没反应，继续来第二遍。你别说，还真管用。"人之初，性本善"，一点不假，旁边一个挺高也挺壮的人像个警察，他说这些饭我不浪费，打包带走，明天到单位去吃。

其实，在学传统文化过程中，我们家在这方面做得也不是很好。我们家老大，有一次花3.5万元买了一个LV，吃顿饭6000元，过生日2000元。然后姑娘跟我聊这些事，她一边说还一边哭，问我怎么办？她学了圣贤教育，还问我怎么办？我说咱学了圣贤的教育，学了传统文化了，以后改呗。同时，我了解到一些情况。她上大学那会儿，她们同宿舍的一个女同学，一个月花了3.2万元。我想，我家大姑娘没跟这个孩子学也是万幸了。其实，现在价值观出现错误的家长和学生不止一个，太多太多了。了解到这些后，我说姑娘没关系，星星之火可以燎原，咱们两个做燎原的人，燎一个少一个。

我跟大家说，一个人感化身边的一群人，这就叫做"星星之火可以燎原"。孩子也带着身边的人学，我也带着身边的人学，在自己学习的过程中，还能不断地提升。

此后，在我的大姑娘身上还发生了一件事。有一次学校组织捐款，同学们都排着大长队去捐。姑娘回来后跟我说："妈，我们班平常有个男生可奢侈了，捐款却只捐了1.5元，我看到这1.5元着急得不行。我身上有538块钱，就全都放了进去。"她说："妈，我这500多块钱一放进箱子里面，那1.5元没有了。"

我说问她："为什么那个男生只捐1.5元呢？"孩子说："老师说了，捐款最少1.5元。"我说："那为什么你捐完538块钱，1.5元就没有了？"然后我接着说："做好事不是有钱人的专利，是爱的传播，

爱的点燃。其实我们每个人每天付出一点爱，我们13亿人就会生活在一个爱的海洋里，多幸福啊。”我跟孩子们都是这么样一个聊法。

我们家有个习惯，就是一到过春节的时候，丈夫家的姐姐、哥哥都来我们家过，全家一共20多口人。因为家里要来这么多人，所以每到春节时也要去采购。有一次我们出去采购时看到一个配钥匙的老奶奶，我问她配一把钥匙多少钱？她说：“15元。”我说：“现在什么都涨价了，配个钥匙也这么贵了。”

这时，孩子拉着我的衣角说：“妈妈，做好事不是大张旗鼓地去做，身边每时每刻都有咱们做好事献爱心的机会。”孩子这么一说，我也觉得，这个老奶奶挺不容易的，天这么冷，配把钥匙别说15元钱，20元钱也不多。然后就在那里配了两把。我认为，从自己身边的点点滴滴做起，其实每天都有咱们做好事的机会。

打造恩爱夫妻的秘籍

有时候在回家的路上，我看到路边好多卖水果、卖蔬菜的，我就会把不太好的蔬菜和那些快坏的水果全买下来。然后拿回来，这些水果和蔬菜，有些给自己家人吃。另外，公司那么多人，谁家经济状况不好，谁家妻子不方便去买，我就拿去送给她们。给大家提供方便，这不也是做好事献爱心吗？

其实，我就是一个小女人，不会做大事，今天让我讲课，我也是给大家说点家长里短的事。我经常对丈夫说："咱家大事你做主，小事我做主。"别人说什么是小事，我说干活的事都是小事，都由我做主。

北大的一个高材生，毕业3个月了都找不到工作，然后托人送到我们公司上班。在一个部门待了几天，部门的人都说这个高材生干不了活。我就跟这个高材生聊天，我说你对传统文化、国学有没有了解？那个高材生很自信地告诉我说："谷姨，我不仅能把《论语》背得很熟，还能用英语背出来。"我说会这么多，怎么没有单位要？他说就是背了没做。其实，在这里我想告诉大家，不是学的很多就行，而是做到才行。

有些姐妹给我打电话说，孩子不学《弟子规》，丈夫不学传统文化。我说别人不学跟自己有什么关系吗？自己学传统文化，自己做学传统文化的表率，自己做好了以后，吸引别人也来学不很好吗？到目前为止，《弟子规》我也没有踏踏实实地坐在那儿念一遍，而我家的三个孩子和丈夫《弟子规》是背得滚瓜烂熟的。过节的时候，他们是排着队检查，我说我不会背，也不接受检查，但是我听你们背，听到哪句觉得好，我就照着去做。

别人为什么不学传统文化，不学《弟子规》？我觉得，是因为我们没有把学到的善做出来，如果你把这些做出来，身边很多人会跟随着学传统文化，这是我的亲身经历。我刚开始接触传统文化的时候，特别想让家里的人学传统文化，让人家立马学好，但是人家却不愿意。后来我就不想这个了，而是只管做好自己想做的事。我心里有一个信念，那就是一定要让身边的人满意。我那三个妯娌非常年轻，刚开始我让她们学的时候，她们说这是什么呀，这是迷信不

能学。她们说是迷信，咱也没法说。我学了3年之后，其中一个就跟我说："大嫂，我也想学《弟子规》。《弟子规》是怎么学的？"我说："大嫂怎么做，你就怎么做，这就叫学《弟子规》。"所以我认为，只要你做好了，让大家看到你的变化，她就知道传统文化的魅力了，也就自动自愿地来跟你一起学了。

人家说"齐家治国平天下"，我觉得，"齐家"最重要的还是要把夫妇之间的关系处理好，这是最根本的。如何处理夫妇之间的关系呢？其实老祖先已经告诉我们了——夫妇有别。我认为，夫妇有别，主要不是"别"在其他方面，而是在分工方面有一个区"别"。是什么区别呢？男主外，女主内。这句话就提醒我们，作为一个女人，一定要把这个家持好，这是我们女人的责任。人家都说，推动摇篮的手是女人的手，其实推动世界和平也离不开我们女人的这双手。

为啥说女人责任大？哪个男人不是女人生出来的？有哪个男人不是女人培养教育出来的？女人所承担的责任，社会责任也好，家庭责任也好，这些责任都是很大的。咱们女人一定要把这些责任都承担起来。为了家的和谐，别老说男人这个不对、那个不对。我们要有这样一个认识，在家里哪有男人的责任？都是女人的责任！

老祖宗有一句话："嫁鸡随鸡，嫁狗随狗，嫁个石头抱着走。"但是咱们嫁了石头抱回去，就让它是个石头吗？咱们要用自己包容的心、爱的心、付出的心，把这个石头变成闪闪发光的钻石。

好多人都说，我这是女子懦弱的表现。跟大家说句真心话，我一点都不懦弱。结婚20多年了，大家看我红光满面、五大三粗的，哪懦弱了？一点不懦弱。想想我身边所谓不懦弱的姐妹们，大家每天去美容院，去健身房，最后还要去医院。这么多年来，我是查哪儿哪儿不高，血糖不高，血脂不高，就是个儿比人家高点。人家叫我铁人，说你咋没病呢？无非是咱们心胸大，快快乐乐地做一个付出者，病就不来了。

我从一个啥事也不懂的傻乎乎的女人，变成人家的媳妇了。因为这 20 多年里，因为丈夫的关心和支持我才有今天，我能不发自内心感谢丈夫吗？丈夫经常说我傻，说我没心没肺，我说傻才能长寿。我是这样想的，也是这样做的，一直都挺开心的。

我们都长着两只耳朵、两只眼睛，一张嘴，一双手，两只脚。但是作为女人，我认为，两只耳朵要善解人意；两只眼睛要温柔；一张嘴要包容理解、不唠叨；这两只手、两只脚要勤快、多付出，这就是自然规律给咱女人的功能。

我以前是啥情况？说句真心话，以前丈夫带回家几个客人，我都不敢说一句话，我只是在后面端水做饭。因为咱知道咱是什么水平，咱能力低，就不乱说话，说错了还会坏事。后来在丈夫和大家的支持下，我被推到论坛的讲坛上，这才被锻炼的会说话了。以前我就是默默无闻地在后面做，因为我认为自己不会说话，不能多说话。

有的姐妹嘴上说着和谐社会，说完一转头看到老公就指责，再一转头，又批评孩子。要我说，批评完孩子老公，这社会还能和谐吗？咱自己先和谐了，就不会找别人的不对了。我对丈夫是啥情况？就是每天“睁一眼闭一眼”，我每天一睁开眼睛就欣赏丈夫的好处，就看孩子的优点。我每天闭上眼睛就会反思自己，想想我今天有什么事做得不对了不好了，这就是“睁一眼闭一眼”。这有什么不

好吗？

丈夫压力大，要有点情绪的话，我就会让自己忍让下，或者给他说些宽心的话。我这样做哪里还有打？根本就不会招来打。当你给他好好说话，丈夫还会打吗？有的姐妹给我打电话说："我跟丈夫说好话了，但他还是打我了。"我说那肯定是你丈夫那天喝醉了，没喝醉也打，哪有这种情况？

作为一个女人，我认为在这个家里面要会叠被、洗衣服、做饭、擦皮鞋，这是再本分不过的事情了，自己做好是应该的，做不好就失职。我在结婚之后，在妈妈和奶奶的影响教育下，我一直把这个当做我的任务去做好。

做女人，一定要和颜悦色。丈夫回到家里，我经常会问他："今天你想吃点啥？"丈夫经常答复我："随便！""随便"这道菜是最难炒的一道菜，但是我也愿意用我的真诚去炒一道他爱吃的菜。咱就用这种态度去炒，哪怕是一盘土豆丝，丈夫吃完也会说真好吃真好吃，想做到这一点其实很容易。

有一次，一位老师来到我们家住。然后丈夫要跟这位老师出门，我给丈夫打包，有四条裤子，我说今天出去穿哪条裤子？丈夫说第三条，我说："好，马上给你拿过来！"这位老师说不正常，谷大嫂哪能这样。我说："正常，怎么不正常，正常应该是啥样？"还有一天早晨，我问丈夫："今天想吃点啥？"丈夫说："你方便弄啥就吃啥。"我说："你想吃啥？啥都方便。"那位老师又说："你俩配合这么默契，从来不发生点冲突矛盾？"

矛盾与冲突当然也会有，我觉得，夫妻间发生点矛盾冲突是正常的，如果不发生点冲突矛盾，生活也会少了些滋味，但是作为女人，要以柔克刚，就像牙和舌头一样，咱们女人要做舌头，舌头柔软，牙齿硬。他硬，他往西碰，咱往东躲一躲；他往东碰，咱往西躲一躲。这么多年，谁看到牙齿把舌头碰掉地上了？大丈夫顶天立地，他们就怕柔弱的。女人不要显得自己太强悍，要懂得以柔克刚。

经常有人问我："谷大嫂，你最快乐的事是什么？最幸福的事是什么？"我说："丈夫最快乐的事，就是我最快乐的事，丈夫最幸福的事，就是我最幸福的事。"

丈夫只管外面的事，家里的事全是我自己做，时间久了，丈夫已经习惯在家里面有个好太太了。好妻子会教出好孩子，我要是不在家，他回来以后，我家 3 个孩子，就来做家务，就来照顾他。儿子还会给我发信息，让我放心，说他爸吃的水果他已经切好了，喝的茶他也已经给沏好了。所以我就给丈夫说："你住五星级宾馆，也就是一个服务员给你服务，回到家以后，我们有 4 个服务员，有给你捶背的，有给你倒水的，还有给你做可口饭菜的。"其实，家就是让人放松的地方，一家人就应该其乐融融。

很多女人都说担心离婚。其实，我认为，只要让丈夫觉得少不了你，离不开你。你把妻子的角色做好了，咱就不怕离婚。人家都担心，你们企业做这么大了，要是离婚了我就什么都没有了，我说我从不担心这个问题，因为离婚是自己还没做到位，如果做到位，怎么会离婚呀？我的丈夫虽然是四家企业的老总，可一点不良嗜好都没有。他烟不抽，酒不喝，自结婚以后没见过他玩牌，没有去过KTV。我这样一个相貌平凡的女人，有这样一个丈夫，现在他一有时间就是做慈善，献爱心。所以我觉得，咱做女人的一定要下得了厨房，在家的工作就是把丈夫伺候好了，把孩子教育好了。

怎样做亿万富翁的妻子

作为女人，你嫁给丈夫以后，最重要的事，就是把公公婆婆伺候好，让公公婆婆活得越来越开心，越来越健康，这个家才能和和睦睦，才能其乐融融。我觉得，这是有智慧的女人一定要做到的。

最好的房子让婆婆公公住，喜欢哪间住哪间。好不是按照咱的意愿，比如说，咱们送婆婆睡觉的软床，或是把家里最厚的、最好的被子给婆婆，婆婆往往不一定喜欢。婆婆用那种软床睡觉，觉得不舒服，因为在老家，她睡的是硬板床，不习惯软床。所以，咱们要用心体会公公婆婆需要的是什么，他们觉着好的，那才是真的好。

有句话说，大家好才是真的好。一个家庭也是这样，要全家人好才是真的好。看到夫妻俩和三个孩子都挺好的，婆婆公公还有不开心的？此外，我会用心体谅婆婆公公的心事。婆婆公公有六个孩子，只有我们家过得好，自从我们学习了传统文化后，我们夫妻俩把两个大姑姐、两个弟弟都安居在北京，让他们在企业里做他们能做的工作，然后带领着孩子大人们一起学习传统文化，这样婆婆公公就放心了，也开心了。

我再讲一下我带着婆婆公公去理发的事。在北京，我找不到便宜的理发店，都是50块钱理一次发。有一次，我带着公公婆婆去理发，他们一听50块钱，就都不理了。我说来都来了，不理咋行呢？

他们说："留着，回到老家5块钱就能理。"我说："回到老家要到啥时候？不能开着车回老家花5块钱理吧！"后来，我想了一个办法。就是我提前去理发店打招呼，我说我婆婆公公来理发的话，你们就说5块钱，我提前把50块钱给你，这样既解决了问题，又让公公婆婆舒心。

我们跟公公婆婆在海淀住，我们家一个保姆也没有，我们自己就是保姆，孩子当保姆，我也是保姆。每天下班后，我一到家里就换上衣服，收拾屋子、做饭。早起的时候，公公婆婆还没起，我去上班，会跟公公婆婆打个招呼："爸爸妈妈我要上班了，有什么事给我打电话。"我一直都是这样做。公公婆婆开心了就能长寿，就这么简单。而且我和婆婆公公之间的关系和睦了，一家人自然其乐融融。

2007年，丈夫的第一家公司是做煤炭的，我也帮着他运营这家公司，公司做得挺好的。随后，他又去开发新的项目了，这家公司就让我来管理。别人给我打电话，问我是什么职务，我说是家庭妇女，什么职务也没有，我连字也不会写。有时候别人问我要一张名片，我说没名片，我从来没把自己当成公司领导，做一个好妻子才是最重要的。

丈夫说，我的管理能力得打造打造，气质也得打造打造。于是，丈夫给我报了一个学习班，去打造我的气质和管理能力，报的是女企业家、女强人班。这个班一共43个女企业家、女强人，每人交26800块钱，一个月学习3天。我去了以后，感觉很自卑。这43个女企业家、女强人，一个比一个漂亮，一个比一个有钱。后来我了解了一下，这43个企业家，包括我在内，只有6个没离婚的。我就想，这些女强人，强来强去，把丈夫也强没了，这能算是"强"么？

课程上讲气质怎么打造，教人色彩的搭配，然后怎么化妆。其实我对这个也不感兴趣，学也学不会，咋搭配，穿个红的就亮亮堂堂的，还要啥搭配呀，反正我是这个想法。下了课以后，这些女企业家干些什么呢？人家下了课，就去歌厅、舞厅、健身房，然后她们聊什么呢？就是聊谁找的情人有本事。这都跟我不搭边，我也不会跳舞，健身房不就是花钱买出汗吗，不花钱在家里做活也能出汗，所以咱都不去。至于找情人这件事，我这个人优点也没有，情人也不找我，这是肯定的。

我就经常跟丈夫说，我虽然不能把所有的事情、所有的问题都做得让你百分之百的满意，但是我一定会尽心尽力去做每件事，用我最大的热情和能力去完成。

一个人的精力和时间是有限的，丈夫回到家，如果你让他又是洗碗又是扫地的话，那他还有时间和精力去考虑大事吗？做企业是脑力劳动，要用大脑去考虑企业的经营。我经常跟丈夫说，你回家就躺在床上。看丈夫的一个眼神、一个表情，我就知道下一步该怎么做，我认为，好的家庭就是这样打造出来的。

家和万事兴，家和事业旺，想赚钱先把家搞好。有的姐妹说，我就想赚钱，有钱就行。其实，钱解决不了的问题太多了。这个女企业家班、女强人班让我看清楚了这样一个现象：她们都看不起自己的丈夫。我一看这个情况，我就跟丈夫说："这个气质和管理能力先别打造了，我的能力不高，别让她们影响得没学会气质和管理，先学会咋离婚了，那就麻烦了，咱还是先撤吧。"所以，就撤出了这个班。

学习传统文化以后，我发现，自己不是没有能力的人，能在大会上说话了。我要是去这个女企业家、女强人班的话，也会感化她们，于是我就又回去想感化她们。

我感化过很多人，有的人就是本来想离婚的，听了我的话之后又回心转意了。在这个学习班里，有一个女企业家，她很有钱，离了四次婚，儿子一个爸爸，姑娘一个爸爸，第三个没孩子，这一次还想离婚。我说，这可是一个典型，这个女人轻易还感化不了，应该当成重点把她感化好。于是我就把她接到家里面，让她坐在沙发上，我给她削了水果，陪着她看传统文化的碟片。因为我知道，只要我一不陪着她，她就走神。所以我就盯着她，让她真真正正地看，看两小时没用，就陪她看 3 个小时。最后，这个女企业家终于开始掉眼泪了，她眼泪一流，我心里头就踏实了。我想，这是起作用了。流下了忏悔的眼泪，是知道自己错了，当一个人知道自己错的时候，幸福的大门就打开了。

后来，这个结婚四次的女企业家，不仅自己改变了，还在北京昌平组织了义务宣传团，现在已经形成了近千人的团队，义务宣传传统文化。在昌平区的政法大学、化工大学、石油大学，她带领这些地方的姐妹们义务给大学生们发光盘、发书，然后一星期组织一次传统文化的分享。其实大会是三天也好、四天也好，主要是在每个人心里面种下一颗传统文化的种子，让这颗种子在心里面生根发芽，开花结果。弘扬传统文化，让身边的人都成为圣贤教育下的优秀的、标准的人，这才起到了应有的作用。

自己的父母要怎么孝顺？我们家姊妹 7 个，学习传统文化以后，就都给自己定计划、定目标，然后就去做。比如，大家规定每个月都要带着父母去洗澡。我家有 53 个人，我给自己定下的计划就是，

要让这53个人都学习传统文化，都按照圣贤的教育去做人。现在全家人都已经学习了传统文化，所以这几年，家人的变化真得特别大。

我妈妈现在还在山西大同，住在自己家中。前几年，弟弟家的孩子，学习不是很好，挺淘气的，我就把这个孩子带到我妈妈的家里面，让他去看传统文化的光盘、看书。我回到北京家里以后，我就经常和他妈在电话里沟通，这样，渐渐地，他的学习态度就慢慢改变了，他整个人的状态也变好了。我跟他商量定了个计划，因为他住的离我妈近，我建议他每天放了学以后，一定要去奶奶家。干嘛呢？每天至少买一个香蕉、一个苹果、一把瓜子，不用买多，天天就是买这么些零食，去送给奶奶。他答应了。我天天打电话给他，督促他学习并且每天要去看奶奶，这样连续三个月，他每天放学就去看奶奶，然后送这些零食。这个孩子这样做，周围的邻居都知道了，说这个孩子怎么这么孝敬奶奶呢？好多人都投来羡慕和表扬的眼光，孩子越做越高兴，慢慢变成了一种自觉。现在不用我打电话，这孩子天天放学后去看我妈，给我妈买新鲜的水果和零食。

以前我给自己规定，一个月至少带着妈妈去洗一次澡、洗一次脚。现在在家里，这样的机会我抢都抢不到手，大家都抢着做，妈妈感到特别幸福。所以我觉得，不是一个人孝敬就完了，一个人要做好了，要影响全家人都做好，这个引领和带动作用也非常重要。正因为现在全家人都懂得孝敬，我妈现在才感觉到很幸福、很快乐。我大哥今年已经64岁了，孙子都已经很大了，他对我妈的孝心表现已经不是很多了。但是自从学习了传统文化之后，我带回家的光盘和书，大哥也看，慢慢地养成了这个习惯。现在，他每天都会到家里帮妈妈把地擦干净，然后才能睡得安稳。

我这样的女人也没做啥大事和难事，就是争取把这个家弄得其乐融融，弄得和谐了，我就是做了这么多。

其实人生就像一场梦、一场戏，咱们要把这场梦做成美梦，要把这场戏演成好戏。不要靠别人，就靠我们自己，靠我们自己有一颗对公公婆婆、爸爸妈妈的孝心，对丈夫、孩子的关心，还有对身边每一个人的爱心。用心根据他们的需要去做，对子女要慈爱，不要溺爱，给他们需要的，而不是他们想要的。给家人呵护，给身边每一个人关爱，这就是我们的幸福。

其实，要做到“行有不得，反求诸己”“己所不欲，勿施于人”很容易，只需要把自己的心量扩大。人家都说，大肚能容，容天下难容之事，其实我们很难遇到那么难容的事。其实也很简单，只要有一颗宽厚的心，一切就都能够包容，只要克制自己的欲望，尽量做到仁、义、礼、智、信，按咱们老祖宗教育的“五伦”“八德”去做人，每人都做到了，我们的祖国就国泰民安、繁荣富强，永远都能屹立于世界东方。

第六篇

充满智慧的人生才美丽

刘芳老师：青岛芳子美容董事长兼总经理，青岛市美容美发协会会长，芳子美容机构创始人，北京大学EMBA，曾先后获得山东省优秀女企业家、山东省三八红旗手、中国美容业首席讲师、中国美容业金银奖、中国杰出女性等殊荣。

为什么当今社会在呼唤女德？通过学习传统文化，我们从内心深处感受到女子在整个社会中的作用和强大的力量。古人教导我们说“一人一家，一国一天下”“天下之本在于国，国之本在于家，家之本在于身，而女子一身责任尤重”。

在几百年前，贤哲也这样教导我们说：“女子是世界的源头。”由此可见，我们女子这个柔弱的肩膀上有着重大的责任，我们推动摇篮的双手也在推动着整个世界。学习了传统文化，我们一定会感

受到自身的价值和力量。

身为女人，我也走过了半个世纪，在担当了女子的各个角色之后，我深深感受到，作为女子应该以修身为要，重要的是要练好内功。所谓的内功就是家里家外，该怎样担当好自己的角色。大家问我："身为女子，你的家庭为什么这么幸福？你为什么还能够成就一番事业？你认为什么叫幸福？"

对每一个人来讲，自己的家庭幸不幸福，就像自己穿的鞋子，舒不舒服、磨不磨脚，只有自己知道。如果不合适，就应该调一调让它合适，这样它才能陪着自己走得更远。

我们发现，现在的条件越来越好，但是我们内心是不是还能像自己长辈那样，那样简单、清静和知足呢？并非如此！我们曾经寻找了很多的方法，调适自己的内心，调节自己的生活，但是这些方法好像作用有限。我们生病的时候，用现在的小偏方治或许治愈率不高。但是我们用上两三千年前古人的偏方，我们觉得一下子就能帮我们调整好。

对于传统文化，其实我学的时间也不长，才两年多。第一次是在2008年末，青岛举办了传统文化大会，我听了之后非常受益。2009年，我又到南京居美馨学习了45天。我在那里边学习、边劳动，学习的效果让我感到挺惊讶的，劳动内容之一包括洗厕所，每次洗厕所都是用手把厕所擦洗得干干净净。后来我们的蔡礼旭老师就让我跟大家分享一下，"作为女人应该怎么样打理家庭"。

其实我当时很惊讶，我惊讶的是管理企业十多年来，更多的是分享如何带这个团队，如何去成就自己事业，大部分是我们成功经营之道的分享，家里的事从没有说过，我觉得这个再普通不过了，家里的事怎么能够登上大雅之堂呢？但蔡老师说你一定要讲，就讲你是怎么做的。于是我就在那个传统文化班里给大家分享了我做妻子、做儿媳妇、做母亲的一些小事情。

一路走过，我感觉到，一个女人做好自己的家庭，再把小家庭的一切带到企业，说难其实也不难，说简单却也需要付出自己的努力。在以往的分享中，我从“我是怎样做女儿、太太、母亲、儿媳妇和总裁的”，讲到“做好一个女人的本分”，不管是什么主题，都离不开一个女子所担当的各个角色，这就是我们需要修炼的内功、我们的本分。

“那么你是怎么知道该这样做的呢？”很多人这样问我，“你是不是在过去就遇到了《弟子规》啊？”我的回答是没有。

《弟子规》已经失传了80多年。我婆婆回想起当年她上学的时候，似乎还读过一段时间，后来就没有了。所以我想我们所做出的这一切，为了宣传传统文化所做出的努力都是非常有意义的。

从女儿到儿媳的角色转换

简单的说，做女儿的时候也没有什么大不了的事情，我觉得自己一直是比较听话，比较安静的。我们家男孩子多，女孩子只有我和大姐，我是不可以随便出门的，因为父母给我的主要任务就是要好好学习，于是我就按照父母说的做。因为我学习好又是小女儿，

就不太喜欢干活。每次哥哥、姐姐让我干活的时候，父母常袒护着我，所以我也不会干什么活。在我结婚之前，爸爸把我叫到身边说："孩子，你要结婚了，爸要嘱咐你说三句话，第一是结婚了，就该干活了；第二是到了人家家里，千万别给人家添麻烦；第三就是千万别叫人家笑话。"爸爸当时说话时很严肃，我却不是很理解。

现在我想想，父亲的叮咛一路陪着我走过来，其实这就是做好一个妻子的道理。因为结婚后，如果妻子不懂得干家里的活，那么日子就会有很多麻烦。如果我们在婆婆家给人添麻烦，让人家笑话，这不是让父母蒙羞嘛，这就叫"德有伤，贻亲羞"。

我带着父亲的这三句话，走进了另外一个家。刚进家 3 个月，丈夫从车间调到科室工作。6 个月的时候，公公婆婆又分了新房子，原来的家就成我们两个人的了。作为新婚夫妇，家里没有什么事情，还蛮开心的。当我们有了孩子，我就觉得我们需要有所担当了。

在这个过程中，我慢慢学会了如何跟丈夫相处、怎样做个好妻子。当先生知道我们有了孩子时，他很高兴。他跟所有的人说："伺候月子的事情谁也不用来，我愿意伺候。"他享受有了小孩，一家三口那种其乐融融的氛围。其实没过 7 天，在我下床到洗手间的时候，我就看到他吸烟的那个样子，从背影里面我就看出他不痛快、很郁闷。看到他这样我心里有点不舒服。吃过中午饭我就跟他说："你看我们家的孩子不哭不闹，我自己身体恢复也很好，下午你上班去吧。"他说："真的？"我说："真的。"然后，他就很高兴地去上班了。

从那会儿开始，我就想，爸爸说的真对，真的要干活了。角色的转变给我力量，让我下定决心改变自己，自己首先就学会了担当。我每天都把家里收拾干净，包括洗尿片，承担了所有的家务。后来婆婆过来的时候说，刚生完小孩怎么可以这样呢？我说：“没有关系。”

因为我当时是这样想的：“一个年轻的小伙子，人家是在外面做大事的，咱老是用家里的这些小事纠缠着他，会让他很不开心。”孩子一两岁的时候，常常起夜，一个晚上会起十多回。我心疼地抱着孩子睡觉，从没舍得把丈夫叫醒。这段日子我一直早起晚睡，每天早上5点钟起床。这么多年我一直保持早起的习惯，早晨起来就把所有的家务干好，我们楼上楼下的婆婆都说：“你看你们家的儿媳妇，一早就起来了，把所有的衣服洗得干干净净。”

关于如何做家务，母亲曾对我说：“男人在路上走，就看妻子的一双手。我们做家务活，就得做的有点尺量。如果先生穿得皱皱巴巴，不干不净的，证明家里的太太不是很勤快。”所以我给先生、孩子穿的衣服，特别是衬衣，每一件都是烫熨过再让他们穿出去的，先生和孩子穿的皮鞋，我也总是给他们擦得干干净净。我已经养成了一种习惯，就是始终顾着他们的方方面面。孩子小的时候，每个周末我们都带着他出去玩，回来吃完饭，我就赶快冲进卧室，整理好卧室，让丈夫和孩子先睡下。然后我关上房门，就开始了一周的大扫除。因为我给自己规定，一定要在孩子和先生睡着的时候，把这个家务活干好。等他们醒来的时候，我还能跟他们在一起。

这么多年来，我一直这样走过。先生工作很忙，家务都是我自己一肩挑。这么多年了，在家务事这方面，我没想着靠他做些什么，因为我觉得这是我们女人起码的本分。先生有时出去送货回来特别晚，在先生没回来的时候，我也不会去睡觉。哪怕等到下半夜他还没回来，我们家的那盏灯也会一直亮着，先生回来了，哪怕咳嗽一

声或者听到他上楼梯的脚步声，我就赶紧把门打开让他进来，让他喝上几口热汤热水再去睡觉。这么多年来，也许正是这些小事，一直提醒自己要为他人着想。

我和先生一路走过来，很多人问我："你们俩就没有什么矛盾吗？没有什么摩擦吗？"我说没有那才奇怪呢，当然是有的。但是，我认为，夫妻俩在一起，双方的态度很重要。我觉得我们女子就是要懂得包容，特别是要懂得示弱，不要和别人顶撞。

我先生有一个习惯，就是吸烟很厉害，最多的时候，他一天能吸四包烟。有一个镜头，我永远忘不掉，就是每到晚上，当孩子睡了之后，我们两个坐在客厅的沙发上，丈夫就开始吸烟。我每天早上都会把烟灰缸洗干净，晚上都会有一堆烟灰，对此，我从来没有说一个不字，这可能是受我爸爸的影响。我爸爸说："吸烟是男人的一个嗜好，如果他生病了，连烟都不吸了，我给你讲，这是病得很严重的缘故。"

过去我也不懂得养生知识，关于吸烟的事我也没有跟丈夫多说过什么。但是有些事不用咱们管，到最后就迎刃而解了。应该是先生吸烟 21 年的时候，他总是咳嗽，他说觉得肺不舒服，他决定戒烟，然后他就真的把烟戒了，直到现在也不吸烟了。

另外，我的先生脾气比较急，一个男子汉大丈夫，在外面风风火火的，那么他脾气急怎么办呢？当他越是急，我就说话慢一点、做事慢一点，就是这样。我觉得夫妻两人在一起，一定是他的长项让你很欣赏，可能这一点正是你的短处，这才吸引了你，而这种吸引让我们去好好守住这一份感情。

有时候陪他外出或应酬，每当看到丈夫急的时候，我就对他微笑，我就握握他的手，他就明白了。当我们传递这份温暖的时候，我们不用多说话。我们陪丈夫出去的时候，一定要知道自己是配角，一定要给先生留面子。所以我觉得这么多年，由于这种互相影响，他的脾气、性格也发生了很大的变化，他现在脾气变得好多了。

我先生很能干，在1988年时他就下海做外贸生意，他跟一个合作伙伴在1991年已经做得很好了。我很少去参与他的事情，就是把他照顾好，让他无忧无虑地在外面闯荡。记得有一天，他回到家时情绪不太好。吃过晚饭我问他："是不是最近挺忙的？"他说："跟我们合作的那个大哥说要分开做。"我说："那你就跟他分开吧。"后来他说："问题是他还要拿走30万，当时投资的时候才万八千块钱，现在要拿30万。"我说："那你就给他吧。"他听了这话以后，就那样静静地看看我，我想我当时应该是很淡定的样子，也没再说什么。不过我发现，从我说了这句话后，他就变得轻松多了，而且没过多久他就把这个事情给解决了，也给了大哥30万，也没伤和气。后来，他的生意还是照常做，发展也很好。

《弟子规》告诉我们，"财物轻，怨何生"。我们就不应该把财物看得太重。我这个人并不会理财。记得以前丈夫对我说："你过来公司帮忙吧，帮我把把财务关。"我说不会做，就一直没有加入到他的企业里。后来我做了公司之后，我就给我的员工说，一定不要把钱看得太重，凡是用钱能够解决的问题都是小问题。其实真是这样的，有时候为了钱而计较，发生争执，甚至大打出手，后果很惨重，这些是用金钱补救不回来的。

有人问我，如何处理夫妻感情？我觉得没有处理不处理的，家不是讲理的地方，不要说我对你错了，千万不要讲，如果我们女子

赢了，作为先生，他的内心会很压抑。如果妻子赢了，丈夫会让我们一步，再让我们一步，如果我们得寸进尺，最后就会把丈夫逼出去了。反过来，如果丈夫赢了，我们架不住，那么他在逼我们的时候，我们会不会躲起来？如果两个人在一起不懂沟通，这就意味着我们生活在一个屋檐下却没有快乐，所以不要讲理。夫妻要讲什么？夫妻要讲情，这样彼此就会互相心疼。所以，当自己能够和先生这样的相处，能够互相地理解和谦让的时候，其实夫妻的感情就很好了。

我们女子一定要有担当，所做的一切就是要心疼我们身边的人。如果连我们的爸妈、孩子、老公都不能心疼，我们还能心疼谁呢？我认为，这就是夫妻之间的相处之道。

另外，我们还要把握一个原则，就是干完了活就画一个句号，不要再说。有一次我跟会员朋友交流，她说："其实你做的这些我都做了，我觉得我比你还能干。那为什么我跟老公的关系一直不好呢？"然后我俩就你一句我一句的分享，当我说到"干完活不要唠叨"的时候，她说："哎哟，我的问题出现在这里，我每次干完活，他回家的时候我一定要说一遍，我说我在家里干了什么、做了什么，当我数落一遍、唠叨不停的时候，先生就很烦。"终于找到原因了，她说："从此以后，我要在家里安静地做。"其实我们在家里养成干家务的习惯，也就等于养成了任劳任怨的习惯。有了这种精神自然想成就什么就成就什么，而且不断地劳动一定会为自己积下深厚的福报，所以我总是无怨无悔。

有智慧的妻子更幸福

在夫妻感情方面，除了我自己个人的这些感悟，我们的老师也给了我很多的教导。给我最大的提醒就是要做一个智慧的女人，为什么要做一个智慧的女人呢？因为当我们懂得如何说话，能够做一个正确判断的时候，夫妻之间就不容易有矛盾了。

有这样一个小故事叫《背后鞠躬》。说有一个女子在家里父母很娇惯她，她的朋友们也很关心她。她结婚以后呢，朋友、家人就经常给她打电话问："你的先生怎么样，他对你好不好？"这位女子每次回电话的时候都说："可好了，我的老公照顾我很好，他为我做饭，在我生病的时候亲自给我喂药。"她每次说这些话的时候，老公都在旁边竖着耳朵听，后来老公就越来越照顾她了。她这样跟家人、朋友赞美老公，老公就越来越照顾她，对她越来越好了。她说："其实，老实告诉你们，我结婚以后，老公什么都不会做，只是偶尔炒个土豆丝，只会擦擦桌子。就是通过我每次说他好，赞美他，他才越来越会做了。"这就是一个智慧的妻子。所以说，我们要学会赞美老公，经常地鼓励他，让他很温暖，充满着阳光。

说到智慧，还有这样一位女子，她的先生曾经有了外遇。有一天晚上，10 点多了，先生接到了一个电话，他避开妻子接了这个电话后，转过身对太太说工厂里有点事情，要过去看看。妻子说："天这么冷，你稍等一下，我去拿件衣服。"她就把自己亲手给丈夫织的

厚厚的毛衣拿过来说："你穿上，外面太冷了，我给你织的这件毛衣穿上会很暖和。"然后她给先生整理好衣服，还送到门外说："你看你多辛苦，我都帮不上你，这么冷的天，你一定要早点回来啊。"先生说："好的！"说完先生回望着妻子，带着心事走出家门。

当他见到第三者时，带着心事的样子也被这个第三者发觉了。后来他们每次见面的时候，都讲到他的太太，他说他太太是一个贤妻良母。总是听到这个男人说自己的太太很好，这个第三者也不好意思了，慢慢就和他疏远了，然后离开了。最后，先生踏踏实实回到了这个温暖的家。后来有人问："难道这个妻子真不知道他先生接的是什么人的电话吗？"很多人都认为她是知道的。但她是一位有智慧的妻子，她懂得退一步海阔天空，让先生自己回来，保全了这个幸福的家。后来，先生对她也更加爱护了。

蔡礼旭老师在讲课时，经常会给我们这样说，"夫妻之间，没有太多的隔阂"。女子有这样的一种态度很重要，比如先生取得成绩的时候，我们就像崇拜自己的父亲一样崇拜他，对他说："你太了不起了，你怎么这么棒呀！"当先生犯错误的时候，我们要像对待孩子一样，理解他，帮他一起分析、解决。在平时，对先生要像朋友一样，要经常地跟他沟通和交流。如果我们做到这三点，我想肯定可以成就一个幸福的家庭。

这些道理蛮简单的，只要我们能做到，并且把握好自己的心态，觉得一切的担当要从自己开始，我们和先生就一定能很好地相处。因为当我做到之后，我感觉生活真的很幸福！

最后，再补充几件小事。

第一件事。我先生有自己的事业，所以总是很忙。而让我很感动的是，我的先生会把那些需要在外面应酬、吃饭、喝酒的工作分配给公司的下属。他呢，差不多晚上6点多钟就回来了，尽量陪我们吃这顿晚餐。而且他吃饭的时候有一个习惯，每当桌子上有好吃的，他总是夹给我，夹给孩子。就是这个习惯，坚持了很多年。后来孩子就说："爸，你不要这样了！我们自己想吃什么自己夹。"我说："孩子，这是爸爸对我们一直不变的爱啊！"

第二件事。我一直很喜欢买衣服，所以我们结婚29年来，他一直给我买衣服。虽然我先生不是很喜欢逛商场，但是每当去商场的时候，他却比我还要有耐心，我挑选衣服，他在那儿一件一件地欣赏着，他说好我就买，说不好我就不买。他越是对我好，我就越是觉得应该把自己该做的事做好，好好照顾他，我觉得心里特别的知足，特别满意。

还有一件事，就是我身体不是太好。记得我刚有了孩子，他就说："咱不上班了吧，我也不指望你挣钱，你在家里好好照顾孩子就好了。"其实，我当时也挺想在家好好照顾孩子的，但是我又舍不得工厂里的那些姐妹。我说："我试试看吧，如果一边上班一边也能把孩子照顾好，我就上班，如果不行我就回来。"后来我就上了班，但是不论我做好还是做不好，他从没怪我。只要他不出差，就会接我上下班。

在我40岁的时候，他对我说，现在该回来养老了吧？他觉得40岁的女人该回来养老了，我于是就回了家。结果我回家不到3个月，每天就像得了洁癖症一样，把家里打扫得一尘不染。我就说中年人不宜过得闲静，闲了问题就来得更多了。当时我们家住在28楼，一打雷一下雨，我竟然会感到害怕。

在家里做全职太太的我，忽然觉得自己没有用了，还是想出去做点事情。丈夫知道这种想法后，他问我："你能够做什么事？"我说我想开个幼儿园，我特别喜欢孩子。后来他就帮我打听，他说："现在的家庭都宠着孩子，如果孩子在我们这里有个什么闪失，那可不是小事。"我一想的确是这个道理，就把这个念头给放下了。后来有一天，他急匆匆地过来对我说，他说看到有个要转让的美容院。然后他就带着我去看了一下那家快倒闭的美容店，那老板看到我就说："你这个夫人气质好，适合做这家美容院。"于是我先生就把这个美容院接过来了，然后我就有事可做了，也当起了老板。

但是我做了不久就做不下去了，我说："我不想做了，我知道了，我应该好好地在家待着。"其实我心里很难受，但丈夫是最懂我的，他后来帮我看了看，还建了办公室，说要了解了解这个行业。他想再帮我一把，让我再试试看。在这个过程中，就遇到了贵人。我们所有的员工都知道，美容院里顾客慢慢多起来是因为这位贵人。

有一天，一位32岁的女子来到了美容院，她告诉我她要跟她先生离婚了，因为她脸上长了很多斑，让我救救她。我一听怎么这么可怕？晚上我就给我先生说，今天下午来了一位女子让我救她，真有意思。我先生听了我的话后，就开始教育我说："你自己好好的，你不觉得脸对女子多么重要，今天面对这个女子，如果我们做不好，怎么树起口碑，怎么树起信誉？"先生是第一次用这样的口气批评我、教育我。从那一天开始，我就刻苦地学习、钻研，就是从那天起，把我引到了这条路上。

后来我总结了一下，从帮一个人开始到帮十个、帮百个，一直到现在我们芳子美容院有几万个会员，这几万个会员能到芳子来，就因为当初那一个人。如果没有丈夫对我的帮助和呵护，哪有我的今天？特别是在我干得不好的时候，我的朋友、同学都会说："我们当时就说，你哪有这个本事做生意啊，你折腾掉个几十万，你就老实了，你是不听好人劝，吃亏了吧？"先生却说："这么多年，她为家里付出的太多了，她把所有的心思都放在我和孩子身上，所以我愿意让她出去看看，当她自己觉得不行的时候，回家了，那是她自己的事情。但是如果她想尝试，我就会帮她。"他不愿意让人家说我，而且在我做得不好的时候，他帮我分析，帮我撑着。在我做得好的时候，获得很多荣耀的时候，他坐在台下的一角与台上的我一起分享，给我掌声。从第一个美容院，到现在将近50个美容院，都是他帮我选址，也都是他帮我装修的。

这证明了29年来，因为自己在家里那一点一滴的付出，获得了先生对我这么大的回报。每当想起来的时候，就特别地感恩。

另外，我更加感觉到夫妻和谐、家庭和睦的重要性。因为两人相伴成夫妻后，将来就会为人父为人母。在家里，夫妻之间很温暖，家庭氛围很好，我们的孩子才能健康成长。如果父母在家里不和气，孩子就会很紧张，他的性格就容易变得抑郁。也就是说，我们的心境以及是否能够相处好，将会影响下一代。所以一个好女人，至少可以幸福三代人。

我们夫妻对孩子的培养，就是让他顺其自然地健康成长。我总结自己教育儿子的做法，觉得就是"陪着他长大"。从他小的时候，跟他在一起的这种"身陪"，到他长大后慢慢离我们远了，内心对他的"心陪"，但无论哪种，父母始终在陪着孩子成长。

有了孩子以后，自己的兴趣爱好、时间和空间被不断地挤压和

减少，大部分时间和精力都花在了孩子身上。

我有了这个孩子以后，特别疼他，于是跟先生约法三章，我说：“你这么忙，我希望你只要和孩子在一起时，一定要让他很高兴，其他的事情我来管，我全包了。等到他 18 岁以后，我就把这个男子汉交给你。”反正我就大包大揽。在陪伴孩子的这些年里，自己付出了不少的精力。我们家人都特别疼爱这个孩子，但是我知道，这样更不能忘了对孩子的管教。我能够把握好这一点，也是从长辈那里学来的。

总的来说，就是逐渐培养他的独立能力。在孩子 5 岁学弹钢琴的时候，我就让他自己安排时间，应该学钢琴时自己就去，应该学习功课时就去学习。这对母亲来说，要有很多的耐心。在他 6 岁的时候就培养成很多好习惯，让他知道自己的作息时间，该干什么就干什么。记得在他七八岁的时候，有一天我的朋友来到我们家，而我却没在家。到了 7：30，他说：“阿姨，你和弟弟坐在这里，我到点了。”朋友说：“你要干什么？”他说：“弹琴去。”朋友说：“你妈妈没在家里，你陪着我们玩吧。”他说：“到时间了，我得练琴。”后来，这位朋友说特别感谢我，我的孩子给他上了一课。现在他也给自己做了这样一个时间安排，把自己公司的事处理得更井井有条了。

记得有一次，孩子他爸爸在外面看电视，孩子在自己的屋子里学习。当我打开门进孩子屋里时，发现孩子正坐在门后面，听外面电视的声音。当我看到这一幕，心里特别难受，从那会儿开始，我就想，孩子没有养成好习惯的时候，就需要我们帮着他养成。于是，在他学习的时候，我不做自己的家务活了，就陪在他的身边，并且给他很多指导。这样陪着陪着，他自己也就养成习惯了，等他养成习惯的时候，我再抽出身。有时，他快考试的时候，我会给他出些考试题，他就很高兴，还让同学也到我们家，告诉同学说我妈妈可会出考试题了。我就是这样帮助他、引领他全面掌握知识，这样，孩子的成绩也就越来越好了。

当孩子犯错误的时候，当孩子离我们越来越远的时候，我们很少会知道孩子心里真实的想法。当时我解决这个问题的办法，就是在我们家里举办小型的家庭会议，会议的内容主要就是各自做自我批评。会议时我一定是先举手说，自己哪儿做对了，哪儿做错了，我举手的目的就是想引导他讲。果然，我刚说完他就举手说，自己哪一点错了，哪些作业没做，哪些东西丢了，他就这样把心里话都说出来了。说出来以后，他爸爸像个领导，来批评我们两个。

虽然家庭会议很简单，但是我觉得，在孩子的成长路上对他德行的培养起了很大的帮助。到十二三岁的时候，他说："我不参加家庭会议了，你们两个都是冲着我来的，你们两个自己开吧。"我就想，得改变方式了。

我认为，孩子0~6岁期间，都在看与他亲近的人是什么样，然后把对大人的印象大量地输入自己的潜意识里，这些都会影响他将来的性格和观念。而6~11岁的时候，他就会学着家长的做法去做事。到12岁的时候，凡事父母就应该跟他商量着做了，因为此时他觉得自己是个男子汉了。他13岁的时候考入了重点中学，后来也考入了重点高中。我认为，无论在哪个年龄，孩子有失误或者犯了错误后，我们的让步很重要。

有一次，孩子考试成绩很不好，晚上回来后，他饭也不想吃，然后就说累了，想睡觉。他把房门关得紧紧的，我们知道是什么情

况，但也不能急着揭人家的短。第二天早晨该起床了，他还不起床，我就去敲他的房门进去，他说："哎呀！睡着了。"这时，我就问他说："孩子，是不是成绩考得不好？"他看到妈妈的口气很和蔼，然后就很放松了，向我分析了没考好的原因，并把心里话告诉了我。我于是又安慰他说："是呀，谁不会有个闪失啊。"后来，我就出去了，然后他的姥姥说："孩子做的非常好，门边都没有迈出去，一直在弹琴。"所以，在孩子犯错误遇到困难的时候，要协助他、理解他，给他一个方向。

他孩子 13 岁那一年，我们家还有一次"游戏机风波"。有一次，我发现孩子的书包里乱乱的，还发现几个绿牌牌，我就问他爸这是什么？他爸说这是游戏室的牌。当我知道孩子打游戏机时，就特别害怕担心。于是我就找他谈话，跟他说明不能去玩游戏。最后他说："好的，妈妈，还有这几个牌，打完这几个牌我就不去了。"我知道他说到就能够做得到，可是那时我还是很担心，一下班回到家，一看时间到了，但孩子还没有回来，我就给他爸说："你去看看吧，孩子是不是在游戏室?"他爸爸就去了，然后果然看到他在玩游戏。孩子无意中看到了爸爸，他就说："马上就回去。"他爸爸却说："你把这局打完了再走吧。"然后等孩子玩完了，就把孩子带回家了。回来之后，孩子就哭着对我说："妈妈，你不信任我，还让爸爸来抓我。"于是，我马上向他解释了我为什么要这样做，他也理解了。接着他又说："爸爸还打呢。大人打没关系吗?"我就问丈夫："你也打游戏?"丈夫笑笑说："以后不打了。"从此，他们爷俩再也没打过。所以说，无论是做家长还是做企业，都要做到身教。我们让孩子做好，首先自己要做好。如果不让孩子做，自己也坚决不能做。

后来，孩子不到17岁就去英国读书了。其实，这也得益于我们从小对他的一些教育。他在国外，很快就学会了自立，一直保持着良好的学习习惯。第一次出去，我打电话给他，他就哈哈大笑跟我说，妈妈，国外太好了！吃的好，住的好，学校环境好，同学也很好……我说："太好了！幸亏把你送到国外去了。"我也很高兴，每一次通电话都是这样，他都是笑着跟我讲："妈，你就放心吧。"他很懂事，我觉得这个孩子出去以后好像迅速长大了。

当他第一次回来，我见他差点没认出来，头发比我还长，变成瘦高条了，原来180斤的小伙子，一下瘦了40多斤。后来我才知道，原来他刚去那边水土不服，还有同学关系也不好。我说："为什么不告诉妈妈?"他说："不能告诉你，告诉了你可能就会过来，让我回去了。"

这些小小的事情，是婆婆后来告诉我的。这些事情他跟奶奶还稍有流露，但是他觉得不能跟我说，因为他是男子汉。后来我到英国见到他的校长、老师，他们告诉我，孩子取得了比较好的成绩。他在英国伦敦大学电子工程系读书5年后原本是先要在国内实习一年，第二年再去到国外，但就在这一年中，他体会到了父母的不容易，于是决定不再回英国了。

其中发生了很多事情，但他感觉特别重要的一件事情就是，以前他认为爸爸妈妈生意做得不错，而且好像爸爸妈妈给他的感觉是很轻松的。可是，当他亲眼看到我们每天的工作和生活，他才发现爸妈很不容易。有一天早上，他起来到我房间搂着我说："妈，你一定很累。"我们以前关系非常好，经常笑笑闹闹，但是他说这句话的时候，我一脸严肃，我说："孩子，你走的这两年，虽然我和你爸爸

为了这个家日夜操劳，但我们愿意这样付出。”他听了以后，什么也没说，然后直接就到我们的企业里做事了，没有再回英国。他说，别再提深造了，以后就用中国传统文化深造自己。

后来，他在企业里，也经历了很多磨难、忍受了很大压力。前年，他已经担任了执行总经理的职位。我本来是公司总裁兼总经理，现在已经退居二线了，只是企业的创始人。现在很多事情都是他在做，我只是在芳子的传统文化学堂做学校的工作。

一直以来，我愿意和孩子一起分享，分享父母的经历，分享父母的经验，分享父母的过失，这些其实都会给孩子一些帮助。我感觉到孩子工作起来特别卖力气，勤勤恳恳，有一种废寝忘食的工作态度。他虽然有很好的家庭条件，但是他没有享受安逸的生活，而是能够去创业，并在困境中不断磨炼和坚持自己，我们对他很满意。

如果不是学习了《弟子规》和传统文化，我们不会指出孩子哪里做得不好，因为我们对他很满意。但自从学习了《弟子规》和传统文化后，我们不仅发现自己本身有缺点，还发现孩子身上也有让我们担忧的地方。真正学习了《弟子规》，才发现只有古圣先贤的教导，才能塑造出一个让你放心的孩子，才能拥有一个放得下的心境。

接下来，谈谈孩子学习《弟子规》之后发生的一些变化。

我是2008年学《弟子规》的，那是一次为期四天的学习。本来最后一个晚上，还应该住在那里，但我已经按捺不住心中的激动，特别想回家跟家里人分享我的学习感受，并且想让他们也赶快来学习，想让他们跟着做，所以那天我就回家了。回到家里，我让他们看蔡老师的光盘，接受老师的教导，但他们好像没有接上频道一样。他们问：“怎么了？”我说：“多么好的光盘呀，你们应该听一听。”

然后还是没什么效果，我就没去睡觉。孩子问："妈妈，你想干什么？"我说："明天是最后的分享，你们一定要陪我去。"他问："几点？"我说："咱们争取7点钟赶到。"他们爷俩相视一笑，我知道是在笑我。后来他们爷俩要睡觉的时候，我还是坐在沙发上不动。他们就又出来问我："到底是怎么了？"我说："你们爷俩明天去不去？"他们说："去，去，去……"我这才回去睡觉。

第二天他们听了大会的教诲，看了《弟子规》，还跟老师做了交流。之后，回到企业，他们很快印了1万份《弟子规》。不到7天，全体员工都背《弟子规》，渐渐地，公司里的氛围有所改变了。

我们到深圳发展后，就在深圳买了房子，后来儿子回来了，又要结婚，他爸爸就给他们买了别墅，让他和媳妇到别墅去住。但是学习了传统文化，儿子说："我哪里敢住别墅啊？如果我们全家一起住就住，否则就把别墅给卖掉。"我原本想着小两口有自己的空间，自己过就好了。可是，没想到在接受传统文化之后，儿子、儿媳决定把原来的几栋房子卖掉，一定要与我们住到一起，不分开。于是我们就搬到一起住了。之后，儿子也不开他爸爸给买的豪华车了。在饮食上，儿子原来是喜欢大鱼大肉，现在喜欢上了清淡。先从形式上有了变化，再后来通过不断的学习，这些观念在他心里就慢慢扎下了根。

十几年来，我最强调的就是企业文化建设，很多员工也是因为喜欢我们的企业文化才走进来的。之前，儿子常说："妈妈，你知不知道我们要挣钱？"那个时候，儿子不注重传统文化的学习，我讲课的时候他就忙自己的事情。后来我每次讲课，他都在记笔记，从坐最后面到坐第一排，一直听我讲课。如果他有事不能来听课，就会

通知企划部，把讲课的内容记下来，然后他再抽时间去学习。

后来每到教师节，或每隔一段时间，他都会跟我分享。他跟我说："妈妈是最好的老师。"这句话让我蛮感动的。

去年的上半年，有一次跟儿子谈话，我说："儿子，一直以来你都是妈妈心里最大的安慰，真的。现在我们都学习了传统文化之后，我希望我们一定要做到'善相劝，德皆建'。"虽然，有时候我对他要求很严，但是我的方向是明确的。我说："你努力工作，我不否认，但是你有点不太会照顾自己。你看你的身材又发胖了，身体发肤受之父母，这样是不孝的。"

有一次要给爷爷扫墓，他在开高管会，打电话说自己不能去，让爸爸妈妈代替他。我说："你虽然工作很多，但是这样是孝道吗?"他听了很吃惊，后来，我慢慢给他解释，在电话里我也能感觉出他认识到自己的错误了。所以从那时起，他就开始注意自己在这方面的做法。

有一天很晚了，我正在洗脚，孩子一进门，就帮我搓脚，我说不用了，但他坚持要洗。有一次我要去云南讲课，离开家的时候，我的妈妈不小心摔倒了，母亲知道我要出差就没告诉我。但是儿子知道了，他就到姥姥身边，陪着姥姥，和姥姥讲话。第二天我要上台分享的时候，收到儿子给我发的信息，他说："妈妈，姥姥明天做手术，你放心吧，我会一直守候在病床前，全程照顾姥姥。而且姥姥太有福气了，看望她的人都排着队呢!"我看了这个信息，很欣慰。他在姥姥病床前还一直检讨自己，说："我陪您太少了，您把我带这么大，多么不容易!"他把钱放到姥姥那儿，他说："姥姥，这次费用都由我承担，您一定要给我一个孝敬您的机会。"

因为这些事，让我看到孩子的变化。现在孩子常常说：“妈妈，我身上错误多如牛毛，以前哪里知道？还觉得自己忙得不亦乐乎，觉得自己了不起，可现在最重要的是干什么？是改过。你说改过又不花成本，多划算。做什么事都要花成本，只有改过不花成本。”

恰如《了凡四训》里讲的，“一日无过可改，即一日无步可进”。他自己在改过，每天晚上都在写日记，每天晚上都在忏悔，甚至把他的日记发到我手机上，让我看。我觉得，现在他对自己的严格要求，很多方面都超过了我，我现在是要向他学习。我觉得真的只有在古圣先贤的教导下，孩子才会健康成长。

学习了传统文化之后，在我们再谈经营之道的时候，他说：“就按照妈妈说的，一个字叫‘帮’，两个字叫‘利他’，有利于客户的我们做，不利于客户的我们坚决不做。”如果吃亏了，怎么办？我说：“吃亏了，也要坚持到底，就是要做有利于客户的事。”

我们吃亏了吗？没有，业绩直线提升。特别是在深圳，我们有19家美容院，经过他的尝试，特别是用“利他”之心经营这家企业，当全体员工达成一致的时候，他说越来越轻松，而且他的业绩提升了45%。见证了这家企业的成长，他心服口服了。他说：“用传统文化来指导和推动企业的发展，我们要进行到底，绝不动摇。”

孩子的成长，让我们再次对古圣先贤无比崇敬。古人语“闺阁乃圣贤所出之地，母教为天下太平之源”。母亲对孩子的教育非常重要，在我国历史上，周朝有800年基业不衰，这样的昌盛，胎教、母教功不可没。当然，父亲的教育也同样不可忽视。

孩子说：“我永远也忘不了父亲对我的爱。”

第一个，就是在他考学的时候，爸爸看他很刻苦，很累，就说："儿子别忙了，父亲一张支票，就能把你送到重点学校。"他说："我才不呢！"长大后，他对我说："如果爸爸当时像妈妈那样紧抓的话，我就感到特别有压力了，反而是爸爸的这句话让我放松下来，而且更加努力。"

再一个，就是在国外读书时，他要选择自己读的专业时，他打电话征求我们的意见，他爸说："你自己做决定吧！"当时他还很生气，不理解爸爸为什么不帮他。但是在他自己认真地思考做决定之后，就会想到，"哇！我是男子汉了，未来的一切要我自己做主了！"

孩子在 18 岁以后已经认识到，如何把握好自己的人生，确实需要自己选择，所以他感谢父亲。

来到企业之后，他爸爸告诉他："儿子，我们上有老，下有小，所以我在经营一生事业的时候很保守，你就站在我的肩膀上，往远处看看，大胆去做吧！自己做不好的时候，父亲帮你扛一扛。"他父亲的这些话让他感到内心很宽阔，父亲给了儿子鸿鹄之志，所以他才把事情做得越来越好。

所以，他也很感谢父亲。

我是如何做好儿媳的

说起我自己做儿媳妇的过程，本来还想这样的技巧、那样的技巧。学习了传统文化，学习了《弟子规》以后，就没有了那么多的条条框框，就知道该怎么做了。

我以前说,“礼”字是和谐的、最优美的。跟婆婆公公就是“亲所好，力为具。亲所恶，谨为去”。就是爸爸妈妈喜欢的，我们努力做到，不喜欢的，我们就要谨慎地去除。

我觉得，公公婆婆喜欢什么这不是一件小事。他们是上海人，每当周末，他们喜欢孩子全部来家里，一起聚餐。那个时候，无论先生出差或者有什么事，我们一定要赶回家。我觉得结婚以后，一个女子要想学会干家务，再简单不过了。我回到家里，就赶快系上围裙，换好下厨房的衣服。然后把饭菜做好，大家一起吃，不就是帮婆婆打理一下家嘛，他们可高兴了。

我们妯娌三个，相比之下我们家条件比较好一些。凡是能够帮助家人的，我和丈夫都同意，从来不说其他的。只要我们发现妯娌、哥哥有什么困难了，我们能帮的就帮，而且不要求任何回报。我觉得，这都是我们应该做的。

我公公是高级知识分子，是造船业的总工程师，他的事业很有成就，一辈子没有让婆婆出来工作过。我的婆婆 86 岁了，她把毕生精力都奉献给了这个家，给我们树立了很好的榜样。我结婚以后，挣钱不多，常常跑到自己的爸爸妈妈家，时常给他们买些东西。有一次我妈就对我说：“我们都有工作，有退休金，你婆婆没有工作，你每个月要给你婆婆 100 块钱。”我这才知道，不但要孝敬父母，更要孝敬婆婆。从那以后，我每个月都要给婆婆 100 块。

我做芳子美容以后，尤其是后来越做越好。我突然有一个想法，婆婆没有工作，我也要让婆婆有退休金。回到家我就给婆婆讲：“婆婆，以后你也要有退休金了。”她说：“谁给我发退休金呀?”她以为有好的政策了。我说：“芳子美容企业。”她说：“不用了，房子

是你们买的，东西是你们买的，你爸爸的退休金都不用，你们就别想这件事情了。”我说：“不，也给你退休金，这样你的手头也有个方便了。”

咱说了这些话，就得做这件事。虽然并没有多少钱，但是婆婆可高兴了，常常逢人就说起这个退休金。逢年过节，做媳妇给公公婆婆买件衣服或者别的什么，他们都挺高兴的。虽然他们会说不要不要，但是你送给他了，他就会在亲戚朋友面前说：“这个是大媳妇买的，这个是二媳妇送的，这个是……”这就成了他们快乐的资本。

有一年，过年回家，婆婆说：“刘芳你过来。”然后，打开橱柜给我看，又对我说：“今年咱不买衣服，那么多都穿不了。”但看到婆婆穿着去年的衣服，脸上笑容却不是很灿烂。吃过饭，我就又去商场里面给婆婆买了衣服。回到家婆婆就笑着说：“我不让你花钱，你还花钱！”但她说归说，笑得就很灿烂了。

我们做儿媳妇的，可不要太实在了，有些该做的事情，千万不要商量，你一商量，对于别人就是负担。就像芳子的姑娘服务客人的时候，你本来就该给客人搓背，你还要问：“姐姐，我来给你搓一搓吧，姐姐你喝水不喝水？”这些问题连问都不能问。就像家里人吃什么，我们家庭主妇难道都不知道吗？我们每天问先生吃不吃早餐？那就奇怪了，先生恐怕因此就不吃早餐了。所以，要做的事情根本不用问，我本来就知道先生喜欢吃什么，早上、中午喜欢吃什么，这还用问吗？所以我们该做的事情一定要做。

过年的时候，一般人家压岁钱都是给孩子的，但我们也给爸爸妈妈红包，这是文化。然后在红包上面写上：“祝爸爸妈妈身体健康，祝爸爸妈妈长寿，我们爱你！”

我的公公很会照顾婆婆，上海人就是这样，但是有时也会有小摩擦。每当他们有了小摩擦，让我回家的时候，我都一定是大事化小小事化了。我被称为家里的妇女主任，因为一般都是由我化解矛盾的。我总是能说着说着就把他们两个说到一起了，我就是能把快乐带回家。

有一次，两个人因为上海老家来的亲戚比较多，起了摩擦。儿子们回到家里劝他们，但是爸爸一直不开心。老大、老二还亲自请爸爸出去吃了一顿饭，都没有把爸爸的心结给打开。我老公说："该你出面了。"于是我就想给爸爸写封信，有一天早上4点钟醒了，我就开始给爸爸写信。

信中写了20多年来父亲对我的关照。我们每次回家，爸爸都让我们快点喝汤，快点吃水果，总是把我们照顾得很好。我们犯了错误，爸爸也是和蔼地教导，我越写泪越流，越觉得不能让爸爸生气。

先生醒来的时候，我说我给爸爸写了封信。然后我读给他听，先生的眼圈都红了，然后说："快走，给爸爸送信！"到了爸那儿，我说："爸，我给你写了一封信，先给您放这里了。我们还得上班去，就先走了。"

后来婆婆说，我写的这封信，爸爸看得都流泪了。后来，只要有亲戚到我们家，他就会跟人家说："看，这是老二媳妇给我写的信。"重点的地方，他都要作解释。

我没想到这点精神食粮，给老人带来这么大的安慰。这封信我还登到我们芳子美容的书上，这本书是我在芳子美容十周年的时候，汇集了经营企业和家庭的全部心得，都是我的亲身感受。没想到，很多姐妹说从这本书中学到很多。

在这里，节选信里的一部分内容：

爸，记得我才十几岁的时候，就遇到您这样一位慈祥的老人，也是您把我引导到这个幸福的家，让我有了一个美满的婚姻、一个健康的儿子，还成就了今天的事业。全家人对您的善良、为人、对后代及奶奶的爱，讲出来的很少。可我们从内心感谢您的养育之恩，还有您很多的付出。在我心里您是一位了不起的慈父恩师，特别是年轻时，我们常发脾气，不服从你们的时候，你从来没有埋怨过我们，你比奶奶更心疼我们，给了我们宽松的成长空间，这些是我们永远难忘的。所以爸，您现在已经80高龄了，我们怎么舍得让你难过、伤心、生气呢？

这几年，因为以忙为借口，很少关照你们二老。我们已经对不起你们，每次接到你们二老的电话，假如不是身体不好，我们就觉得一切都好，生怕你们生病，当一家人坐在一起聊天时，难免多一句少一句，我们从不多考虑，随便出口，总觉得没有歪心二意，关上门我们是一家人。所以爸，千万别介意，您是我们的尊父，我们以后还会说错话，办错事，特别是孙子更没有数，不管怎样，您要记得，您的孩子永远敬仰和爱戴您。

爸，奶奶行动不便，您一直细心地关照着她，逗她开心，让她满意，我们心里明白，一生一世做到您这样，是一般人所不能够的。当您生气的时候，奶奶又急又怕，我们很理解，也多么祝愿二老恩爱一生，永远都有一个美满的生活。所以爸，你们要好好地保重，您要照顾好奶奶，假如失掉你们任何一位，我们不知要难过多久。爸，作为儿媳，我真想说一句话，您应该好好享受晚年，因为您的儿孙真的很优秀，您和妈要互相照顾着，欣赏着孙子、孙女一天天长大成人，我们一家人该多么幸福啊！您会更高兴。

祝爸爸新年新气象，健康长寿。

儿媳

2006 年 1 月 27 日

后来奶奶还说，这段时间是爸爸度过得最轻松的一段日子。

在父亲去世的三天前，我在医院里，老人把我叫到跟前，说："刘芳，我嘱咐你两件事情：第一件，你要好好保重身体，钱是赚不完的。第二件，照顾好我们的孙子。"

我说："爸爸我知道了，您还有什么要说的吗？"爸爸摇摇头，没再说什么。

真的，爸爸走了以后，我们在很长时间都在回忆中过日子。我想到这个老人在临终的时候，丝毫没有想到他自己，全是挂念着下一辈。而我们是多么粗心，爸爸临终的时候，告诉我们要保重自己的身体，我就想到我们曾经是多么让爸爸担心，我们太粗心了，我们追悔莫及。世上有两件事不能等，一个是行孝，一个是行善。我们趁着父母还健在，能帮着他们做些什么就快去做。

什么是孝？除了养父母之身，还要养父母之心，养父母之志。如果不是学习《弟子规》，我们哪里知道？只知道给父母那么大房子，然后买东西让秘书送回家，自己就去忙自己的事了。后来才知道，父母是多么希望孩子能陪陪自己。

那么我们怎么去行孝呢？我们有很多老师都曾分享过，我自己也体会到，特别是在我的父亲和公公走了以后，妈妈和婆婆都是80

多岁的高龄老人。对老人真的要像对待孩子一样疼爱，要让他们感觉到自己在孩子心中一直都非常重要。我就记得我妈，每当我回到家里，常常和妈妈一起住几天，我们两个人早上起来，一定要一起到平台上锻炼身体。

有一次，我起来得晚一些，妈妈就端了一杯水过来让我喝，我就赶快爬起来。以往我一定会说："妈你别动，这么大年纪了，你不要再做什么了。"而这次不同了，我端了水杯说："谢谢妈妈。"

妈妈高兴地出去了，第二天，她更早地给我端了一杯水。我知道，她愿意听女儿对她说"谢谢"，她喜欢让你觉得她很有用。后来，我给她做饭，她一定在厨房里，一会儿递这个，一会儿递那个，她即使递错了，我都说谢谢妈妈，再抱一抱她。现在，我每次离开她的时候，如果没有把她抱在怀里亲亲，她一定会很失望的。

去年 8 月 15 日，要出差去做大会的分享。出差前，赶快回家给婆婆送月饼，婆婆高兴地说："今天咱们在家里吃这个……"，我就给妈妈解释说，我还要出去，不过会早点回来。妈妈听到我要走就有点不开心了，她说："我去送你。"走到半路，她说："我的脚不舒服。"我赶快蹲下身来，给妈妈搓脚，搓完了这只又搓那只。刚好有个老太太走过来，婆婆就笑着说："这就是我老二媳妇。"为妈妈揉好脚，看到老人踏实了，我就走了。我就是通过做这些小事情，让父母的内心有踏实感。

"立身行道，扬名于后世，以显父母，孝之终也。"我们该成就事业的时候，一定要努力去成就。有志向并能成就志向是大孝。父母因为我们自豪，那也是一种莫大的安慰。以上，就是跟公公婆婆相处的一些分享。

把员工当作自己的孩子

在13年前，我40岁的时候，从一个门外汉走入美容这个行业，我几乎什么都不懂，完全凭着自己的兴趣来做。后来一步一步做起来，我付出了很大的努力。比如化妆品，就要帮助客人擦掉脸上的斑斑点点。我自己没有斑斑点点，但是这些化妆品都是在我的脸上做实验的，后来把脸擦得脱了皮。十几年前没有好的技术，我们不会做，可硬是把自己擦明白了。

现在我特别清楚，也不用像以前那样做实验了。一般的美容院，会针对每个人的皮肤，随便弄几个小方案，就让顾客比同龄人更年轻。但我们不这样做，因为我认为，一个女人的美丽来自“养颜”“养身”和“养心”，这是芳子的美容三部曲。

我是怎么一点一滴地从内心到身上下功夫的，我就是怎么把这些功夫不断地教给芳子的员工姑娘们和芳子千万的会员朋友们的。你能够成就什么样的团队，你就能够营造多大的舞台，然后你才能做出多大的事业。这些年，所有的努力不用去谈，因为那都是该做的。是这个平台成就了我，如果不是这么多年来做事业，我还是以前那样的一个小女人，心胸就那么一点，心里只是装着自己那个小家，而现在这个大家庭拓宽了我的心量。现在，我又把这个小家庭的文化带到了更大、更多的家庭里。

随着企业的不断发展，芳子的姑娘们也不断成长，那么我是怎么教导她们的呢？

每个孩子走到我的面前，我都会像对自己的孩子一样对待她们，我会教给她们怎么样是正确的。每一个姑娘走进芳子学校，首先要懂得什么叫端庄。怎么坐？怎么站？怎么走？怎么说话？怎么待人接物？这些课程是最基础的。我们有一个课程叫做“芳子人的样子”，一定要有这个样子。当她们走进芳子的时候，我会跟她们说：“孩子们、姑娘们，现在你们已经过了18岁，父母已经完成了他们的使命，把这个接力棒交给了我，我就该教你怎么成就自己的未来了。”

我们经常要学习、学习、再学习。为什么要学习呢？就是为了要活明白。比如你攀登一座小山，只是为了散步，或者为了锻炼身体，你不需多努力。而要过好日子，要攀登人生的高峰，就要有很多的装备，所以要更加努力，要不断地学习。

我们怎么样去做选择，这是我要教给芳子姑娘们的。芳子姑娘懂得了把困难当机会，就懂得了女孩子一定要勤奋。所有的内功都靠勤奋得来，只要勤奋，芳子姑娘就一定知道人际关系如何处理。我们现在有500个团队600个美容师，一直讲的是女人堆里不要有女人事，就是不要事多，不要说三道四，不要说人是非。于是，就有了《同事歌》。

“如果同事错了，一定是我看错了，如果认为同事不会错，我们一定做得很不错”，这不就是应了古人的教导“行有不得，反求诸己”。要求别人太难了，就改变自己，要成就人生的真理，一定要在自己身上下工夫，这就是芳子姑娘的“同事歌”。在这个大家庭里，有爱、有关怀，有这种利他的精神。她们很自豪，她们像我一样，无比热爱这个职业、这个岗位，她们是唱着《芳子姑娘之歌》一路成长的。所以，她们都觉得很骄傲，因为自己是芳子姑娘。每一次在与客户的互动当中，我们都会有太多的感动，这就不一一列举了。

我是这样教导着员工，这样带领着她们成长，赢得的是她们的家人对我们的感恩。在我的心里，芳子姑娘都是了不起的；在我眼睛里，每一个年轻的姑娘都是一座宝藏，就看我们怎么样去开采，怎么样去挖掘。我眼看着孩子成为优秀的管理者，是我最大的自豪和骄傲。

有一位姑娘，来芳子 4 年了，从一个普通的美容师一路做到院长。在她工作期间，曾有一个机会，去韩国培训。接到这个通知以后，这个孩子就特别紧张与不安，来找我商量，然后她选择暂时离开。我特别心痛，舍不得这孩子。

有一天，这个姑娘给我打电话，她说："刘总，真是舍不得离开芳子。"我说："我也舍不得你，但是这是父母的心愿，你就只能服从了，我们等等机会再说吧。"没过几天，我又接到她的一条信息："刘总，你放心吧，我已经到家了，明天我就开始工作了。"没过一会儿，经理就打电话给我说："这孩子又回来了，回到深圳了。"我于是马上打电话问她："你跟妈妈说好了吗？"她说："放心吧，我跟妈说了，如果不是来到芳子，我能成长吗？如果我们有能力了就离开，那就是没有感恩的心。"

看着孩子不愿意离开，听着孩子这样的话，我很欣慰。我想一定要努力，一定要让父母感觉到我们有能力照顾好她们。后来，这个孩子特别努力，现在已经带了 10 个美容院，而且对家里很关照，她的妈妈也很满意。

我们每隔一年开一次家长会，来自全国各地的员工父母来到青

岛或者深圳，和我一起吃饭，一起茶话。她妈妈见了我说：“刘总，你看我多糊涂，差点把孩子送到韩国去，送去还不知道怎么样呢，幸亏孩子会选择，你别笑话我。”我说：“哪里啊，孩子有今天都是妈妈教育的好。”

另外，有个妈妈在她生命弥留之际，给我留下这样一封信：

尊敬的刘芳大姐：

你好！我是你21院员工巧玲的母亲。今天真纠结，当我收到你寄来的信和月饼时，我流下了感激的泪，因为这是你千里之外的一片心意。当我再次收到救命钱时，我们家里非常感动，心里久久不能平静，借此向你道一声谢谢。你寄来的不仅是情和意，而且是对我这个即将被夺去生命的人的巨大安慰，我这一生感谢你。说起感谢，应该早些给你回信，但是由于我的病情，几次住院，都不能给你写封信，很抱歉。所以当我接到你的来信和月饼时，我就认为你是一个富贵善人，你在百忙之中，想着自己的员工和她们的家人，你寄来的这片情给了我生存的勇气，给了我和病魔做斗争的信心。

我查出了白血病，住进医院，在亲朋好友的帮助下做了骨髓手术，病情得到了控制。但没想到今年9月份病情复发，再次入院，我情绪低沉，想放弃治疗，一死了之。但是想起女儿，想起养育我的父母和帮助过我的兄弟姐妹，还有12岁未成年的儿子，想起你这个好人，如果我用死解脱，对不起帮助过我的人，所以我要坚强地活下去。刘大姐我知道你是一个好人，女儿在芳子工作我很放心。我有一事相托，如果我生命有不测的话，希望你照顾我的孩子，教她如何做人做事，让她好好地努力工作，为成就这家企业作一些贡献。

这是一位即将被病魔夺去生命的家长，在最后临终的时候，把她的孩子托付给了我。从那个时候开始，我觉得自己身上的担子很重。之后，我又给这位母亲回了一封信，我说："将近600个芳子姑娘都是我的女儿，同样我也会按照你的要求，更关心她的成长，把她培养成人，你放心。"春节时这个孩子要回家，我让她带上大红包给妈妈作为礼物。后来她妈妈给我打电话，说状态很好，但是在5月份的时候，这位母亲就离开了。

有一次我在上面讲课，这个孩子看着我，就在下面流泪。等我讲完课，孩子扑到我怀里抽泣，我说："孩子，要坚强，一定要让妈妈放心。"

于是，我更下定决心，一定要把每一个芳子姑娘培养成一个好姑娘、一个好女人、一个好媳妇、一个好母亲。所以，在培养芳子姑娘成长的时候，我们都非常努力，用心去做每一件事，因此我们也获得了莫大信任。

芳子姑娘让我见到最欢喜的成长也是在学习了《弟子规》、接触到传统文化之后。这两年来我们开始是背诵、演讲、分享，后来我们是日行一善，自己做好事又转成了为身边的姐妹、为顾客做好事，每天都记录下来。如果不是亲耳听到，或是亲眼看到她们一摞摞本子的记录，我也不知道这两年的时间，青岛、深圳、上海三个地区美容院的姑娘们做了多少件好事。

古人讲："一日有三善，三年天必降之福！"姑娘们现在做的是什么？就是这些小事，使她们每一次的服务获得的都是感动。这些

年她们一直唱着《芳子姑娘之歌》，用感动你我成就每一天。她们的这些行为影响力很大，我常常说，一个芳子姑娘的背后有多少个回头客，回头客的背后又有多少个家庭，这些家庭的背后就连接着多少个媳妇。所以，芳子姑娘和每一个从事美容事业的人，在这个小小的起点都在为这个社会奉献出自己的价值，这就是我们这个世界的希望。

我们一直有自己的爱心基金，每一位芳子姑娘都 5 元钱、10 元钱自愿地投入芳子基金。所有芳子姑娘的家里有了困难，我们都予以帮助。我们要做到的不仅仅是芳子基金，在这个背后，我们企业希望能成就这种爱心奉献的精神。

学习了传统文化以后，我和姑娘们一起孝顺他们的父母。2008 年我们企业改制了，把企业迁到了深圳，改制是因为我们努力着要做一个上市公司。从那时起，我每月将 2 万元的工资拿出一半投入到爱心基金，和姑娘们一起孝敬父母，做更多的善事。我儿子见我这样做，也拿出自己工资的一半投入到爱心基金。

这些小小的事情上，芳子姑娘变化太大了。有一位姑娘说，从前自己不懂得孝敬父母，因为自己个性不好，父亲打了她一次她就离家出走了，后来即使回家也不会跟父亲有任何的沟通。有一天在分享的时候，她说自己 3 年没叫过一声“爸爸”了。随后，她就给爸爸打了电话，然后父女俩都流泪了。后来再开家长会的时候，他爸爸跟我说：“真不知道刘总你是用什么样的办法教育了我这个倔强的女儿。”我想，是《弟子规》，是日行一善，让姑娘们的心越来越慈柔了。

我们和会员朋友通过美容院进行怎么样的互动呢？顾客都在做

着什么呢？

我们的会员朋友都喜欢芳子文化，我们常在沙龙中跟顾客沟通和交流，如何做一个好女人。当有的会员朋友讲到自己特别在意自己的皮肤，而忽略了家庭的时候，我说："有一句话对我们每个人特别宝贵。人到了一定的年龄要对自己的面相负责，这句话是指自己的美丑吗？不是，我们说相由心生，是说我们的心里是什么想法，我们的面容就是什么样子，内心的模样就是人生的态度。"

慈柔的心怀是女人的必备品

"我"是一切的根源。所谓一切的根源，就是懂得如何去塑造美好的心。在传统文化的讲座中，有一位义工跟我讲了她的故事，并让我一定要把她的故事讲给其他姐妹们听。她说："我离婚 19 年了，在前 17 年里我一直过着很痛苦的日子，因为我特别仇恨我的老公。这 19 年来我一直都是自己一个人生活的，因为我不会信任，我不快乐。但是这两年我特别快乐，这是因为我学习了传统文化，我知道我是一切的根源。在 19 年前我是一个好姑娘，我长得很漂亮，而且很干练，我的事业也很成功。但是我面对自己丈夫的时候，就很霸道，对他没有关爱，一切都是我说了算。万万没有想到的是，我这样一个优秀的女子，我的丈夫却在外面结识了一个比他大 9 岁的女子。当我知道这个情况后就提出了离婚，为此他求过我，但是我说'我比她优

秀多少，你却喜欢上了她’。离婚以后，我的丈夫和那个女子一直生活到现在，现在我才知道，这是因为那个女子比我温柔。我在家里太冷漠了，他在外面找到了温暖。我以前没有给他温暖，没有照顾好他，所以根本原因在我自己身上。”

这个春节我是在青岛过的，互相拜贺的朋友，特别是一些好朋友，在讲到家庭、孩子的时候，都很坦然。但是有一位朋友对我讲：“我多么的不幸，我那么辛苦地供孩子在外国读书 8 年，她不知道我和她爸爸在家吃的什么、穿的什么。孩子从国外回来并不感谢我们，反而有很多的不满，埋怨我们，我特别痛苦。”我说：“原因在哪儿?”她说：“就是她爸，平时他对孩子不关心。”我说：“也就是说她爸爸不好，让你自己心里这么痛苦，让你感到很煎熬?”她说是。我说一个女子应该从自己做起，应该学会和先生、孩子沟通。不要对孩子要求太苛刻，重要的是自己去做，自己感觉到做得愉快是首要的。

经我一番劝说后，她很开心，她说感觉心里一下子亮堂了很多，其实就是自己理通了，心里就舒服了。于是，她决定照我说的去做，去找孩子、找先生谈谈心。

先生再有问题，如果妻子在照顾孩子的时候，能够保持自己无怨无悔的心态的话，结果就不会令人失望。要牢牢地记住“给爱修一条回家的路”，这句话告诉我们，让我们女人的心能够柔软、柔软、再柔软，能够去宽容对方。因为，多一些的关怀就像多亮了一盏灯，一切都会因此更畅通。

通过和会员的分享，我们在一起就会有一种轻松的感觉。当我们走到这个阶段，会感觉青春真的就像过山车一样呼啸而过，一切都远了，留下的就是这份宁静。当你淡定下来，心静的时候，再回首往事，就会明白，安静下来从自己做起。走过的人都会有这种感觉，如果我们能够沉静地去做这一切，无论我们到了多大的年纪，就像我们会员朋友所说的那样，我们都可以“优雅”地老去。当我们把爱传递给姑娘，姑娘把爱又传递给会员朋友的时候，所有人在芳子拥有的就是这样一个充满关爱的氛围。

我记得，当年有一个会员朋友得了癌症，那段时间，她常常到芳子来做护理。问她为什么来？她说在这里没有压力，她和姑娘们在一起，内心得到很大的安慰，她会忘记那种悲痛。后来，由于病情加重她不能来芳子做护理了，就让丈夫给她买化妆品回去。

有一天我要出差，她老公跟我说，能不能让姑娘们到医院给她的妻子做最后一次美容，于是我就让两个姑娘赶快过去。当两个姑娘给这位女士做美容时，她一直都很安静，流着泪，看到这一幕的人都感动了。

我们芳子的第一本杂志里有一篇文章是《把爱注入到每一个女子的心间》一文，就是在告诉芳子的姑娘们，以及每一个人，都要用爱心去工作。

有位芳子姑娘告诉我，我们的会员小王姐很有意思。小王姐经常跟她老公打仗，每次打仗，她老公就会拖着箱子去济南的公司。有一天他们又打仗了，老公拖箱子要走的时候，小王姐就从背后抱住了老公，当时她老公就愣住了，问她怎么了？她就跟老公道歉，说自己错了。

小王姐觉得自己很亏欠老公，决定从此以后再也不让这样的事情发生了。小王姐告诉姑娘们，当她抱着老公的时候就想到两个字

"芳子"。

去年年底，芳子13周年店庆的时候，设有一个感动人物奖，这是颁给会员的奖项，因为会员对我们的帮助太多了。在我们评选感动人物的时候，有一位阿姨在台上作感言说，她60岁来到芳子做护理，今年70岁了，她觉得芳子姑娘既像她的女儿又像她的朋友，她非常喜欢和姑娘们在一起。最后她对我说："刘总，你要把你的美容院开到更多的城市去，这样我们走到哪里都可以找到芳子。"在深圳过年时大家喜欢送礼包，所以每到过年姑娘们都会收到礼包。芳子姑娘不会接受礼包，但她们会接受会员朋友的爱。

还有位会员朋友是深圳一个大酒店的老总。她在感言中说："我是一个大酒店的老总，每当我过生日的时候，不知道有多少人要跟我吃饭。这个生日我关上了酒店走进了芳子，我给自己一个生日礼物，就是在会员卡里充进了3万元。"

原来，这位老总每次来到芳子，都会被姑娘们灿烂的笑容所吸引。每次她做护理，都不让盖上她的唇部和眼睛，因为她想看着芳子姑娘们，听姑娘们说话，跟姑娘们交流，她喜欢来芳子做美容，喜欢上这种文化氛围，也喜欢这样的沟通和交流。

正是因为有太多这样的事情，让我们爱上这个职业，它虽然不是一所学校，但是胜似学校，虽然不是教育课堂，但我们可以在这里共同成长。通过相互间真诚地交流，我们懂得修身养性，因此我觉得开美容院真好。

一个企业要想做好，我觉得很简单，通过芳子的一路成长告诉我们，如果用一个字概括，那就是"帮"，两个字就是"利他"，三个字就是"要努力"。因为，只有相互帮忙才能把事情做好；有利他之心才可以成就一个企业；要努力才有可能一直进步。这就是我们的经验。

去年我们向国家缴税已经突破了1000万，这在这个行业里是很少见的。当我们用利他之心来经营企业的时候，双方都会有太多的感动，而且彼此受益。利己和利他就是一念之差，但是利他更大于利己，是你在不求回报中奉献。我突然发现原来我和芳子姑娘们都可以大声地说，我们在哪里都可以做好。

就每一位女子而言，我认为一定要做到“礼、敬、柔、顺”。人要有礼数，要懂得恭恭敬敬，每当我在浮躁或者烦恼的时候，就反省自己这四个字做的怎么样，是否恭敬有礼了。

在我的书上我曾提到，要带着欢喜心回家，一进家就叫爸爸妈妈。有位朋友说，有一天她按照我说的去做了，她一进门就叫爸爸妈妈，然后她公公一愣，觉得她今天声音很大，然后马上下来说：“哎。”她说买了些什么水果让老人先吃，然后就去做晚饭，那天家庭氛围就很好。连续两天她都是这样做的，后来婆婆走到她的面前说：“小宋是不是最近生意做得挺好的？”因为觉得她很开心。我问她以前是什么样子？她说，她结婚十多年了，回到家想叫就叫，不想就不叫。回到家就提不起精神来，别说是主动称呼公公婆婆了。甚至连父母都是到她的面前来，他们还说：“小宋回来了？”她就只会说：“嗯，回来了。”一分恭敬一分福报，在家庭里，当我们这种恭敬心一旦提起来，家庭就会和谐起来不会发生误会。敬就是尊敬自己的长辈、孝养长辈。

古代有一个小故事能说明这个道理。汉朝有一个大孝子叫郭瞿，他和兄弟分家之后把唯一的家产留给兄弟了，自己把年迈的老人接

到家里供养。后来自己有了孩子，家里非常穷，甚至吃不上饭。但他总是先让娘吃饭，娘却让孙子先吃，后来每次吃饭的时候，他都让儿子出去。后来儿子溺死了，他就挖坟，他想儿可以再生，娘不能再得。当他把坟挖到三尺深的时候，一声响雷把孩子给炸醒了，而且还挖出了黄金，上面还写着："郭瞿孝子，黄金送之，官不可取，民不可得。"由此可见，孝敬是多么重要。

夫妻之间要做到相敬如宾。古代有很多美好的爱情故事，都告诉我们应该怎么样恭敬自己的老公。前面我也讲过了，夫妻能白头到老一定得益于一个"敬"字，恭恭敬敬对待身边的人。

对女性而言，还有一点就是要"柔"。古人讲男子以刚为贵，女子以弱为美。弱不是说我们无能。我一直强调女子要练内功，里里外外都要一把手。我们的心有多大，舞台就有多大。100 年前王凤仪老先生说女子要性如棉，棉花非常的温暖，洁白无暇。女子性如水，是我特别喜欢的一句话，女子如水，入方随方，入圆就圆，无处不快乐，只因为随顺。而女性年纪渐长就要性如风，闲杂的家事要懂得往一旁推，这就是一个慧心，从贵心到慧心一定要心说好话。

顺是齐家之首，我们包容了，就一定会顺。最简单的就是常说："好，是，放心吧"，不要找太多的理由，顺着顺着就顺出来一个好家庭。而且，顺也能够成就我们女子一颗慈柔的心怀。

第七篇

学习传统文化，做当代孟母

赵良玉老师： 传统文化资深讲师，曾经担任过《广东食品报》副主任，《中国食品报》记者，广东省社会富利集团公关部经理。身为母亲，赵女士对母亲的作用有深厚的体会。30 多年来尤其注重以孝道为家庭根本的教育，并通过传统文化对孩子进行道德品质的培养。其子钟茂森在弘扬中国传统文化方面也做出了不朽的成绩。

简单介绍下我的家庭情况，我是在广州工作和退休的，退休前曾担任过《中国食品报》记者，《广东食品报》副主编和广东省社会富利集团公司公关经理的职务。

我先生早年跟我分手了，另外组织了家庭，我就和儿子在一起生活，我们母子相依为命。我的儿子叫钟茂森，1973 年出生在广州，1995 年他 22 岁，毕业于广州中山大学，获得经济学学士学位，紧接

着考取了美国路易斯安那州理工大学的商学院。由于他的学习成绩优秀，获得了全额奖学金，而且他学习特别努力，所以他用 4 年时间就完成了硕士和博士的学业。在 1999 年，他 26 岁的时候取得金融博士学位。那一年，我到美国参加了他的博士毕业典礼，我看到孩子登上了美国的大学讲坛，心里非常高兴。他先后在美国的德州大学和肯萨斯州立大学商学院教课。因为他成绩优秀，金融论文多次获奖，所以我们很快被批准获得绿卡。

2003 年，我们母子迁居到澳大利亚，茂森在昆士兰大学商学院任博士导师，不久就评为终身教师。能够获得这一殊荣是一件非常值得高兴的事。

儿子在读中学的时候，我就对他说："你要好好学习，将来博士毕业，我要当博士的妈妈、教授的母亲。"后来随着我们母子学习中华传统文化，精神层次提高了，我不满足于当金融教授的母亲了。我愿意学习孟母，让儿子成圣成贤。我们母子都感觉到，当今社会并不缺乏金融、经济人才，而是极缺弘扬传统文化、弘扬伦理道德的师资和人才。所以在 2006 年底，儿子辞去昆士兰大学的工作，拜一位智慧的长者为师，从此走上学习和弘扬圣贤教育的道路。

4 年多来，儿子茂森在这条道路上勇往直前。那时候福建的厦门大学成立了研究所，并聘请茂森为教授，已经发了聘请函，年薪 80 万，还有 50 万的基金和一套房子。同时，澳洲八大名校之一的阿德莱雷大学于 2007 年 5 月正式向茂森发函，请他到该校任教授。面对这些丰厚的待遇，我们母子没有动摇，我们有共同的理想，就是为复兴中华文化而奋斗终身。

这些年来，茂森在世界各地演讲中华传统文化达两千多个小时，有多家出版社主动出版了茂森的十几种演讲课程。其中像《细读弟子规》《孝经研习报告》《朱子治家格言》《找寻中国精神》《了凡四训研习报告》等等，广受大众的欢迎。

茂森他本着为中华传统文化教育义务奉献的精神，所有的书稿都不收稿费，而且与出版社达成了一致，不限版权。我们母子希望能为复兴中华传统文化与共建和谐世界尽一份绵薄之力。

然而把每一个孩子培养成品德端正、对社会有一定贡献的青年，并不是一个母亲、一个家庭所能完成的，所以在此深深感谢祖国的栽培，感谢为此目标而付出努力的所有人。

教育孩子的出发点在哪儿

大家都知道孔子和孟子是儒家学说的代表人物。孔子 3 岁丧父，由母亲带大，孔母担负起整个家庭的重担，同时还要教育童年的孔子读书识字。

孟子 4 岁丧父，也是由母亲带大。孟母教子在历史上很有名，“孟母三迁”和“断机教子”都是脍炙人口的故事。孔子、孟子的童年都是在单亲家庭中成长，因此，撑起一个家并且教子成才的全部责任就落在了母亲的身上。孔母、孟母都是我们中华民族伟大母亲的代表，她们给我们的启示就是家庭教育很重要，在家庭教育中母教尤其重要。

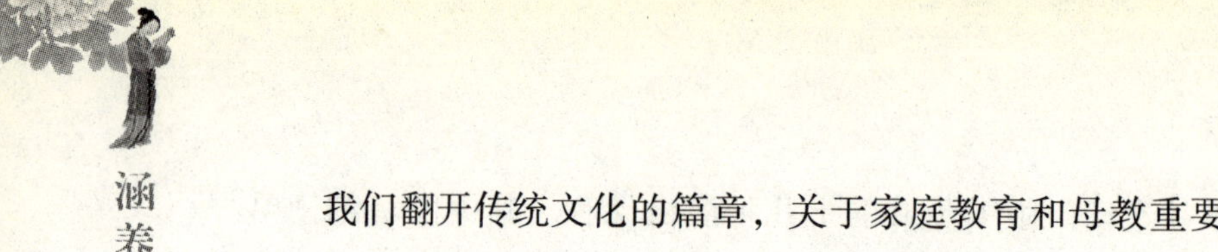

我们翻开传统文化的篇章，关于家庭教育和母教重要的论述是不胜枚举的。下面我与大家分享几条关于母德的教育。

第一条："治国平天下，自齐家始"，所以说，治国平天下的权力，妇女操一大半。

第二条："欲家国崛兴，非贤母则无有资助矣。世无良母，不但国无良民，家无良子。"

第三条："家庭母教，乃是贤才蔚起，天下太平之根本。"

第四条："家庭有善教，则所生儿女皆贤善。家有贤子，则国有贤才。穷则自淑，化及乡邑；达则兼善，普益斯民。如是之益，出于家教。家教之中，母教最要。"

第四条稍微解释一下。就是说，家庭有良好的教育，那么所生的儿女就会很优秀，家里面有优秀的儿女，那么国家就有优秀的人才。

"穷则自淑"，我们理解为，即使这个儿女没有获得发达的机会，但是他做得非常好，也能够影响周围的人。"达则兼善"，如果遇到发达的机会，就可以鼓励天下的人民。这样的大益是来自家庭的教育，而家教中母亲的教育最重要。

第五条："世少善人，由于家庭无善教。而家庭之善教，母教最要。以人之幼时，日在母侧，其熏陶性情者，母边最多。"

从上面这五句话我们可以看出，古人说的"至要莫若教子"，孙中山先生说过一句名言“天下的太平安危看女人，家庭的盛衰看母亲。”可见，我们作为一个母亲，最重要的天职就是要教育好自己的儿女。而一个母亲把孩子教育好，不仅是一家人的事，也是对社会的负责，对人民的贡献。这个道理我们也很容易理解，假如家庭出现了一个色情、暴力、偷盗的孩子，不仅使家庭不宁，也给社会、百姓带来困扰。

所以古德说，须知为天地培植一守法良民，即属莫大功德。我们培养一个守法的公民就是莫大的功德，这也是对每一位普通母亲一个很大的鼓励。孩子和母亲在一起的时间是最多的，那么父母分工应该是父亲主外，母亲主内，母亲是孩子的教师。我本人也有工作，而且我把自己的工作都做得比较好。我在做记者的时候，曾经获得广东省新闻大奖，我做公关经理的时候，曾经获得广东省公关金奖。我认为，我们都是很聪明的，只要用心工作就会把工作做得很好。但是我主要的心思还是放在教育孩子上，我们做母亲的不仅要爱孩子，也要会教孩子。

当我的儿子茂森 15 岁的时候，他当时正在读初三，有一次考试的作文题目是“记述生活中的一个人物”。我儿子写的文章题目是《我的母亲》，他这篇文章获得好评。

大家都知道老舍先生。他是我国著名的小说家、戏剧家，他的作品《骆驼祥子》和《茶馆》在中外都享有盛名。老舍先生小的时候也很苦，他在一岁半的时候就失去了父亲，母亲带着 5 个孩子生活，起早贪黑，为别人洗衣服、补衣服，挣点钱来维持一家人的生活。老舍先生非常能够体贴母亲，所以发愤图强，后来当上了大学教授，成了著名的文学家。

他在回忆自己所受的教育时，说了一段很深刻的话，他说："从私塾到小学再到中学，我经历过起码有几百位的老师。"（因为老舍读中学的时候经常转学，哪一所学校的学费最便宜就往哪里转，所以他转了几十所学校，认识的老师很多。）老舍先生说："其中有给我很大影响的，也有毫无影响的老师，但是我真正的教师、把性格传给我的是我的母亲。母亲并不识字，但她留给我的是生命的教育。"老舍先生的母亲是一位勤劳、简朴、善良的女性，也是一位坚强的母亲，她把这些优秀的品质都传给了老舍先生。所以老舍先生称自己的母亲是自己真正的教师，而母亲给他的是"生命的教育"。这种教育使老舍先生成为一名教授，成为一名文学家。

母亲言教和身教直接影响孩子的成长。作为母亲的我们要提高自身的素质，给孩子做一个好榜样，我们民族的后代掌握在千千万万个母亲手中，我们做母亲的不仅要立志为家庭培养好儿女，为祖国培养好建设者，还要学习孟母，为人类培养圣贤的种子，帮助孩子成圣成贤。对儿子茂森，我不仅希望他成为一名出色的金融教授，而且希望儿子成为一名具有中华传统美德：孝、悌、忠、信、礼、义、廉、耻的教授，甚至成为一名圣贤教授。

教育需要从源头说起。对儿子茂森的教育首先得益于胎教，胎教是我国传统家庭教育的重要内容，是奠定孩子先天德行学问根基的重要一环。古代的周文王是圣贤的君王，他的母亲太任怀文王的时候，书上也有记载"太任有胎教，至文王生有圣德"。太任在怀周文王的时候，是耳不听淫声，口不说傲言，言行举止都非常庄严，所以生得贵子。

茂森出生在1973年，当时是文化大革命时期，有关中华传统文化的教育经典几乎绝迹。幸运的是我从母亲那里得到了传承，我父母的职业都与教育有关，父亲在大学里教书，他是正直的知识分子，从事教育工作 30 年，获得广东省人民政府颁发的荣誉证书。母亲是师范学校毕业，她没有外出工作，一直在家中相夫教子。我的母亲是受儒家思想教育出来的典型中国妇女，她性格温和、善良、恭敬、简朴、谦让，对我父亲是非常恭敬和体贴的。

我父亲一下班，我母亲就会给他倒好一杯茶。在我童年的记忆里，常常有我的母亲给父亲端洗脚水的印象。另外，母亲把家庭打理得非常有条理，4 个孩子都健康地成长。长大后，4 个孩子分别成为了高级工程师、两位主任医师和一位记者编辑。

她曾告诉我，夫妻两人如果准备要孩子的时候有五条注意事项：

第一，要分住百日，调整好身体，早起早睡，这就是古人说的要保身节育。

第二，积德行善，以配福报，如孝敬父母兄长就是多做善事。

第三，同房作胎，选择天时。

我们大家知道一年有 24 个节气，其中四立：立春、立夏、立秋、立冬。还有春分、夏分、夏至、冬至。在这些节气前的一天是季节交换的一个动荡时期，这个时候是不宜同房作胎的，另外大雨雷电的日子也不宜作胎，因为这时作胎可能孩子就很暴躁、短命。季节交替的时候作胎会不稳，风调雨顺的日子可以作胎。这些都是传统文化教给我们的作胎的知识。

第四，怀孕期间要约束自己的声和娱，就是古人说的非礼勿视，非礼勿听，非礼勿见，非礼勿动，加一个非礼勿思，不愉快的事情不要想，保持心态的喜悦和平和。

第五，生产的时候要忍耐不要叫喊，以免丧失元气和使胎儿惊恐。

以上提出的这五条，我都完全做到了，当时我怀孕的时候我们夫妻是分住，我住在母亲家中，夫妻之间没有卿卿我我的这些话，所以给孩子一个非常清静的磁场。怀孕的时候是中国文化大革命时期，当时猪肉、鱼、油都是凭票供应，所以我怀孕期间以素食为主，后来才清楚的知道素食能养胎儿的良好性格和善良的心态。所以我的儿子有一个非常好的性格。由于重视胎教，儿子长大以后，在读书的过程中，特别是出国留学，远离了父母，他还能保持健康的性格，远离不健康的场所。特别是我要求他在读书期间不谈恋爱、不结婚，他完全做到了，而且还能把自己节省下来的奖学金，每月寄给父母 300 美元。所以我深深体会到他能做到这些，很大程度上是得益于清静的胎教。因此我在这里大声地呼吁，我们做父母的一定要重视胎教，良好的胎教将使孩子一生得益。

3 岁儿童的教育也很重要，古人说“教儿婴孩”。我们往往忽略了要跟小孩说正面的话，不要逗孩子说些粗俗无聊的话，因为小孩子已经开始睁开眼睛看这个社会了，已经在接受这个生活的教育了，这一点我们不能忽视。

当前素质教育的根本是什么

我们国家的教育方针是“坚持以人为本，全面实施素质教育”，党的十七大报告中强调指出：“要全面贯彻党的教育方针，坚持以人为本，德育为先，实施素质教育，提高教育现代化水平，培养德智体美全面发展的社会主义建设者和接班人，办好人民满意的教育。”

这里所说的“素质教育”也正是家庭教育的内涵，那什么是素质呢？素质就是一个人的道德水平、文化修养、身心的状况、生活经验和办事能力等综合品质。那么家庭的教育如何培养人的良好素质呢？我们不用再到国外去找文献了，中国家教集大成者《弟子规》列出了七方面的教育，就是良好的素质教育，这七方面的教育就是“孝、悌、谨、信、爱众、亲仁、学文”。原文出自儒家经典《论语》“入则孝、出则悌、谨而信、泛爱众、而亲仁，有余力，则学文”，这是至圣先师孔老夫子对弟子也是对后代子孙全面的素质教育，也是中华民族最优秀的家教传承。《弟子规》是一个孩子在童年时代，在青年时代必修的课程，也是一个人从小到老不可离开的做人标准。

那么学习《弟子规》最重要的一条就是在熟读之后的行动，在深解之后的实践。它不是光拿来背诵的，而是父母和孩子一同去力行的。

我们的素质教育首先要做的就是孝。孝是中华传统文化之根，也是我们家庭教育之根。孔老夫子在《孝经》上说："夫孝，德之本也，教之所由生也。"孝是道德的根本，是教育的源头，孝道的含义是非常广大无边的。

《弟子规》"入则孝"中列出了24件事，孔子在《孝经》中把这些归纳为三个层次：夫孝，始于事亲、中于奉君、终于立身。孝道第一个层次就是从孝敬父母开始；第二个层次服务于国家和人民，忠于君，君在古代是国家的代表，现在就是祖国人民了；第三个层次是终于立身，在第一个和第二个层次的基础上，不断地立身行道而能成圣成贤，扬名于后世，为当代、后代的子孙做出最优秀的榜样，能够为人民立德、立功、立言而垂范后世，以显父母，这是孝道的圆满。

下面我结合自己对儿子教育的体验，谈谈如何从这3个方面教育孩子。

我们先说"始于事亲"。

茂森青少年时期的家庭教育得力于中华传统文化有关孝道的教育，特别是儒家的《孝经》《弟子规》《朱子治家格言》等等，我们儒家认为"百善孝为先"，《弟子规》讲"弟子规，圣人训，首孝悌，次谨信"。《孝经》也讲孝是最高的道理。茂森的青少年时期成长就得益于学习这些经典。

记得在1984年的春节，当时儿子11岁，还是个小学生。在我们家庭传统的春节聚会上，兄弟姐妹各家都领着孩子到父母这里拜年，然后要献上红包，还要让孩子献词和表演节目，小茂森的发言是《怎样孝敬父母》。

这是茂森学习《孝经》的心得，这是孩子把《孝经》里面的十章孔老夫子讲的事亲五至，即“子曰：‘孝子之事亲也，居则致其敬，养则致其乐，病则致其忧，丧则致其哀，祭则致其严。五者备矣，然后能事亲。事亲者，居上不骄，为下不乱，在丑不争。居上而骄则亡。为下而乱则刑，在丑而争则兵。三者不除，虽日用三牲之养，犹为不孝也。’”第一条居则致其敬，它包含了《弟子规》里“父母呼，应勿缓”。第二条养则致其乐，是从冬则温，夏则静，最后是浩气随。第三病则致其忧，就是从亲友疾一直到药先尝。

孔老夫子说的事亲，在我们《弟子规》里面表现得也很具体。那么在生活中如何落实呢？我们看第一小条，怎么做到居则致其敬？茂森从小到大对父母都没有逆反过，一直到现在都能够做到对父母的要求恭敬地接受，对父母的责备能够虚心地听取。在他 30 岁生日之前，他给所有的亲友发了信函，要求所有的亲友在他生日的时候能给他提出一个宝贵的意见。因为古人说三十而立，所以在而立之年征求亲人们的意见。在他生日前一天和生日当天，他不停地接电话，还接到信件、贺卡，这些都是帮助他能更有所提高的建议，告诉他有哪些缺点可以改进。

茂森从小到大都能够注意恭敬父母。每逢节庆或者父母的生日，都会向父母表达感恩和敬意，在他自己生日的时候他也会向父母磕头表示感恩。1994 年，茂森 21 岁的时候，他正在广东中山大学读书，那年我过生日收到儿子给我的一张特大贺卡。这张贺卡有一本杂志那么大，同时也第一次收到儿子孝敬我的红包。原来，这是他用勤工俭学的收入孝敬我的 3000 元，他在贺卡的封面上写着“献给我最爱的妈妈——小牛茂森敬上”，因为我儿子是属牛的。

在我们的家庭生活里，要赞美父母、欣赏父母，是我们家庭文化生活的一个重要内容。我们做父母的身体力行，孩子就在旁边看到了，也就学到了。此外，茂森非常喜欢给我写各种贺卡和诗词，我想这也主要是受我影响。1979 年，在我母亲 69 岁生日的时候，我写过这样的诗，献给我的母亲：

哪一朵葵花不向往太阳？哪一个孩子不热爱自己的娘？亲爱的妈妈，一个幸福的家庭您是舵手，有了您，爸爸才有成就。有了您，哥哥姐姐才能上大学，有了您我的户口才能从农村转回城。您是我们幸福的源泉，您是我们成功的后盾，您是大北路之家的砥柱栋梁。亲爱的妈妈，您的性格是永远给予不求报酬，您的爱像大海那么深广，而我们回敬的却是一滴水。您给予我们生命、学识和财富，您给我们温暖、快乐和幸福。我们说上帝就是指您——亲爱的妈妈，我们说您就是降福给我们的上帝。

这首诗也给我儿子很深的影响，1992 年母亲节的时候，儿子 19 岁，他写了一首很长的诗献给我：

亲爱的妈妈，母亲节快乐！

您和爸爸的爱，长出了我的胚胎，一团模糊不清的新肉，损耗了您的生命精华窈窕青春，才有了嘴巴、耳朵、眼睛，创造了未来的大脑和胸怀。您以痛苦的受难和流血，使我从无到有、庄严存在。您教我牙牙学语，您教我认识世界，走第一步路，念第一个字，读第一首诗。您凭着伟大的母爱与超人的远见，在我很小时就开始了对我的教育。您把我送到幼儿园全托，您锻炼我独立生活的能力，您在家里的门板上教会了我唐诗宋词、ABCD，您手把手地教我写毛笔字，您是我人生启蒙的第一个教师。您循序渐进、诲人不倦，您孜孜不倦辅导我考试，使我以优异的成绩考入广东省华师附中，您犹如一位向导带我走上了光明之路。

我上了大学之后，您对我又提出了更高要求，您为我规划一生的道路。给我讲如何处理人际关系，提高我的综合素质，为我做留学的准备。您用心良苦，望子成龙，从衣食住行到书本用具，处处都有您慷慨的语言。您无论在精神上还是物质上都给孩子很多、很多，这全是基于您无私圣洁的爱。如今孩儿的翅膀逐渐硬朗，羽毛逐渐丰满，然而饮水思源，我一切的一切，哪一点没有您的关心、爱护、教育和启迪。您是母亲中的典范，是我心目中永恒不灭的星斗。在母亲节之际，我要深情地说一声："谢谢您，亲爱的妈妈！"

儿子敬爱母亲也敬爱父亲。他在 17 岁的时候，那时候还在读中学，在他父亲生日的时候，他填了一首词叫《念奴娇·子承父志》。他的父亲是广州人，曾经参加过中国人民解放军，也在上海、甘肃、广东等地工作过。

在日常生活中怎么样尊重父母。养则致其乐，养父母的目标是让父母欢心，包括三个内容，就是养父母之身、养父母之心、养父母之志。茂森读大学的时候，他利用业余的时间，在广州宝洁公司打工。当时他带着大学生的自行车队作广告，为宝洁公司在广州市挨家挨户的发洗发用品。我们国家当时有规定，如果你大学毕业后直接出国留学，不在国内服务，要补偿国家的教育费一万元，茂森

为了给家里减轻负担，他就用自己勤工俭学的收入向学校交了这一万元。

那么一个孩子，他心中常装着父母，常惦记着父母，能够明白孝道，非常努力地学习，成绩一直都非常好。在儿子大学毕业的时候，他做了两手准备。一个是报考本校中山大学的研究生；一个是报考美国大学的研究生。当时是 1995 年，全国各地报考中山大学世界经济专业的研究生考生有 180 名，结果茂森总成绩位列第一名。同时他也以优秀的托福成绩被美国路易斯安那州商学院录取，并且获得了奖学金。一个孩子在读书期间能够专心致志地把书读好，这让父母非常欣慰，这就是让养者致其乐。希望广大青年人都能够做到读书期间专心读书，工作的时候好好工作，让父母心里感到快乐。

茂森在美国留学的时候，以优秀的成绩获得本校的奖学金，于是他每月给我寄来 200 美元，给他父亲每月寄 100 美元。这个收入在当时的生活水平上算是很高了，可是儿子他自己在国外的生活又是怎样的？我现在给大家看他 1996 年 1 月 7 日在留学期间给我的来信。

来信是这样说的：

冬天来了，路易斯安那州天气晴朗。我们这儿晚上一般都在零度以下，有一天早上起床，发现天上飘着许多雪花。目前是最冷的时候，我可以挺过来，这个钱无须买棉被。尽管冷，我仍然保持每周一两次的冷水浴，在冷水浴时我可以锻炼自己的身体。我目前的学习、生活都较单调，每日穿同样的衣服，吃同样的菜饭，走同样的路，读同样的书。我尽量让自己在单调中求单调，使躁动的心变安稳。我每日早晚警示自己按照单调的生活，做至少 7 年的机器人，直至获得博士学位。因为我深深懂得，在美国读书是花着父母的钱、欠着父母的恩德，如果不努力读书天理难容。在冬夜里我才能体会头悬梁、锥刺骨的精神。妈妈请放心，您的儿子像您要求的那样，一定会把孝顺放在第一位，把事业放在第二位。

把孝放在第一位，就是把道德放在第一位，因为孝乃德之本也，看到儿子奋发图强的精神，我非常欢喜，我写信鼓励他说：

寒冷能使人如此理智和坚强，感谢路易斯安那州的冬天，感谢清苦无欲的生活，它使人恢复幸福之光。用什么方法开启人性的宝藏呢？用孝。这是第一把钥匙，孝养父母，扩而大之孝养一切众生，茂森你先做一个榜样给青年们看看。

茂森留学时，他从中国带过去的只是一张毛毯，当时没有把棉被带去。因为出国的时候有很多的书籍、衣服，国际航班是不能超重的。我就告诉他，你到美国之后再买一个棉被吧。可是到美国之后，他没有买棉被，实在冷的时候就把衣服都盖上去了。再冷的时候，又把所有的书本都压上去了。后来呢，我到美国参加儿子的博士毕业典礼，从同学们的口中才知道，儿子在美国的生活是处处节省。所以他冬天停掉了暖气，坚持锻炼，还有坚持素食，主要是包心菜和胡萝卜，这两样菜当时在美国的超市里是最便宜的菜。当然以后就知道了，这两种菜都是非常有营养的。茂森是这样节省的生活，所以每个月从学校的奖学金中能省下钱来寄回中国，孝敬父母。

茂森在美国留学期间攻读硕士的时候，在一个暑假里到美国北方的一个旅游城市打工。他们 9 个中国同学住在一个房子里，这个房子没有家具，是暂时住的房。他们只有睡在地板上，每天劳动 10 个小时。茂森的工作，是在一个大型的游乐园里制作棉花糖卖，这种棉花糖是美国小朋友喜欢吃的一种零食。他制作棉花糖时是在一个透明的、密闭的小房子里，里面的机器不断地运转，只有去厕所的时候才能休息一会儿。他打工将近 3 个月，净收入 3000 美元，他给我寄来 1000 美元，这是我此生收到的第一笔外汇。

茂森在美国留学期间，保持着每一周给我通一次电话，每两周给我写一封信的习惯。四年的留学生涯，我们母子的信件用一个大的整理箱都装不完。他每月奖学金是 800 美元，后来增加到 900 美元，他自己很节省、很智慧地安排这些钱，所以他每月都按时给父母寄 300 美元。除了给我们寄钱之外还剩下五六百美元，他要用于日常的生活开支，另外还要节省下来一部分钱到假期的时候买飞机票回来看望我。

有的同学开玩笑地对他说，你打那么多长途电话，每年还要回国探亲，还要寄钱给你父母，如果你不这样开支，你早都能够买一辆汽车了。茂森却不这样看，虽然很多中国留学生有汽车或者二手汽车，可茂森还是坚持在整个留学期间都骑自行车，他不愿意减少和父母的联系，他不愿意减少对父母的供养。

所以儿子虽然在大洋彼岸，却和父母心连心。我知道了他同学笑他这件事情以后，在 1996 年 4 月 25 日给他的信里说，保持与老家的联系这个做法是心存孝道，是孝养母亲。

古代的祭祀非常隆重，孔子的学生说应该废掉那些祭品，因为花费钱财。孔子回答说，你爱惜钱财，我更爱惜这种礼仪，礼仪延续下来使民心淳厚。我的孩子茂森，他的做法有古人之风范，我很开心。

教孩子不仅要靠中国传统文化经典的教化力量，还需要父母以身作则，这也是最具权威的教育。儿子从我的母亲就是他的姥姥那里知道，当我第一次领到工资的时候，我给家中的爸爸妈妈、哥哥姐姐每人都买了一套衣服，我每次出差都一定给我母亲带礼物回来，并且我也热情地帮助我的哥哥、姐姐，他们的孩子调动工作，以及解决孩子转学、入学问题等等。《弟子规》中说“兄弟睦，孝在中”，这些都令我的母亲非常开心，特别是在文化大革命期间，我的父亲也像许多老知识分子一样都受到了冲击，被冻结工资到山区去劳动。当时我的母亲年纪很大了，不能去看望父亲，而我的哥哥、姐姐们都在外省工作，所以我就常去粤北山区看望父亲、安慰父亲，并且为父亲落实政策积极奔走。

我层层打报告，层层找领导，一直到北京教育部面见教育部部长。当时教育部部长是蒋南翔，最后我父亲的问题终于得到解决，重返高校教书。那一段时间，是我们家庭的政治压力和经济困难的时期，我始终和父母在一起，为父母分忧。茂森常常听姥姥讲起我过去做的这些事情，孩子心中的孝道更加增厚，同时我也带动儿子参加家族的敬老育老活动，比如到乡下看望爷爷和奶奶，让儿子和爷爷奶奶一起下田劳动，学习爷爷奶奶勤劳俭朴的品德，让孩子记住老人的生日，为老人表演节目等等。儿子工作以后除了赡养父母之外，也主动赡养爷爷奶奶，在广州给爷爷奶奶买了一套房子，并且把两位老人从农村接出来，还请了一位保姆来照顾他们，使二老

颐养天年。当时我住的房子是单位分配给我的，已经住了十五六年了，我没有买新房，可是我支持儿子先为爷爷奶奶买房子，虽然那个时候我已经和他的父亲早就分手了。我和儿子一起来跑办选房、买房的事情，并且帮助布置新居。茂森的爷爷奶奶他们住进新房的第一天，他们非常高兴地对我说："我们从来没住过这么好的房子啊！真感谢你们母子，感谢你对茂森的教育。"

《弟子规》上说："亲有疾，药先尝，昼夜侍，不离床。"这体现了孝子在父母重病的时候要尽心尽力地照顾，帮助他们早日恢复健康。在2001年年初的时候，茂森父亲患了脑恶性肿瘤。当时茂森还在美国教书，我和儿子当时住在美国，听到此讯之后，茂森立即汇了3.5万元给父亲，准备治病用。同时马上交接了自己的教学工作赶回广州。千方百计在广州找到一位最好的脑外科医生，请他来帮助给父亲做手术。这是一个危险性很高的手术，在手术前茂森陪伴着他的父亲，给父亲安慰和鼓励，让父亲树立坚定的信念，并在手术前的一天，让他诵读我们传统经典。在手术的过程中，茂森虔诚地在手术室外面等待，结果手术做得非常顺利，手术之后恢复得也很好。

当时著名的脑外科医生说，一般的这种恶性肿瘤，手术后的生命期限也就是3年左右，可是10年过去了，茂森的父亲现在已经70岁了，仍然健在。

《弟子规》说"丧三年，常悲咽，居处变，酒肉绝，丧尽礼，祭尽诚"。在茂森的姥姥最后的日子里，我一直守护在她的身边，给她开导、安慰和临终的关怀。因为姥姥当时已经84岁了，而且我的父亲是先走的，所以我当时就向单位请了长假，在旁边伺候母亲。我们为她做各种临终的准备，特别是给她思想上的开解，让她知道生命真实的意义，最后姥姥安详辞世。她全身非常柔软，非常干净。当时茂森正在广州中山大学读书，他听到姥姥去世的消息以后，马上赶回来，他通宵为姥姥守夜。为了纪念母亲，我在守孝期间还专门写了一本书，就是《如何念佛为老人送终》。

当时在广州地区，这本书被翻印3次以上，在老人中间广为流传，茂森也直接参加了这本书的校对工作。守孝是在1994年，从此我们母子就开始吃素了，而且一直坚持到现在。当时吃素的时候，茂森是21岁的青年，现在已经坚持素食17年了。我们母子已经完全习惯了素食，现在我越来越明白了素食的意义，它不仅对健康好，对环保也好，对节能、资源都有重要的意义。温家宝总理在去年向全国政协呈交的提案里面建议说“每周吃一天素食，对减少温室效应非常有意义”，我们母子现在也继续响应温总理的号召，继续坚持素食。在坚持素食的17年中，我觉得身体更好了，有耐久的能量，而且别人都说我看起来比较年轻，所以我觉得素食应该推广。

《弟子规》说“祭尽诚，事死者，如事生。”我母亲去世多年，每年清明节、冬至节我都带着茂森，祭祀已故的父母和钟氏家族的祖先。我们祭祀的方法是在祖先的牌位前献上果品、鲜花和素食，然后礼拜，并且诵读传统文化的经典，以此供养祖先，由此来告诉后代要不忘祖先，光耀门楣。

孝是我们5000年中华传统文化的源头，所以母亲教孩子，首先要把孝道教给他，现在很多父母都忙着让孩子学习一些技艺的课程。比如钢琴、绘画、书法、舞蹈甚至武术等等，这样很容易让孩子疲于奔命，家长也疲于奔命，但是却失去了根本，我们不要忘记孝才

是人之根。

接下来我向大家解释中于事君。

我前面讲始于事亲是从孝养父母开始，继而提升到为国家、人民服务。《孝经》云：“以孝事君则忠，以敬事长则顺。忠顺不失，以事其上。”这是孔老夫子教我们以孝顺为忠顺，为人民服务。

茂森26岁博士毕业以后，没有忙着谈恋爱和结婚，而是专心做了两份工作。一是在美国和澳洲大学里教书，他那时的正业是金融教学和研究工作，他这两方面的工作都很出色，所以外国的教授都很惊讶。当时他在美国也好，在澳洲的大学也好，教金融的只有他一位中国人。当时茂森的教学成绩和为人品格都给外国教授留下良好的印象，他还在北京大学、中山大学、江西财经大学等重点院校教课，把国外最先进的金融知识和技术介绍给国内的学者。第二个就是副业，他的副业是从事传统文化的学习传承。从2002年起，茂森利用在国外教学的业余时间，在世界各地和国内用中英文演讲传统文化达50次以上。同时利用业余时间到全国各地的高校演讲，学习胡主席八荣八耻的报道，振兴中国精神，青年应有的美德等专题100多场。

2006年，北京中央党校专门录制了茂森讲的《八荣八耻学习报告》，作为全国党校学习荣辱观的资料。在2007年，中国妇联儿童德育中心录制了茂森的演讲《幸福成功的根基》作为全国1000个德育课时的学习资料。茂森同时还利用业余时间，多次应邀参加联合国教科文组织的关于“和平与教育”的会议，参与推动世界和平和教育等活动。这些都是茂森由孝养父母而提升到报效祖国、人民，这些我是热情支持孩子的。我支持儿子将对父母的孝心扩展为对社会大众的爱心，为和谐社会添砖加瓦。

再就是讲终于立身。

古德所讲的立身是讲立身行道，成圣成贤，为人民立德、立功、立言而垂范后世的。中国许多优秀的人士都在这方面做出了贡献，比如孔子，好的学生称赞他温、良、恭、俭、让，称他心存仁义。孔子的教育成绩是很大的，他有弟子三千，优秀者有72人。当时我们国家正处在春秋末期，孔子的学生分散在各个国家，或为官吏，或讲学授课。孔子本身整理了古代典籍，如《书经》《春秋》《乐经》等，《乐经》最后遗失了。《论语》记载了孔子和他弟子的言行，《论语》被外国人称为中国的“圣经”，所以孔子在立经行道方面是我们的表率。

茂森19岁的时候刚迈进大学，我作为母亲给他的一生做了一个规划，让孩子来参考。后来发现茂森他真是听话的孩子，他的确是在规划的道路上踏踏实实地走着，下面我跟大家分享我当年给茂森的生日贺卡。

茂森儿：祝贺你19岁的青春年华！这是你迈进大学的第一个生日。世界上有两样东西，只有失去时才知道它的价值，这就是青春和健康。希望你做一个智者，身置庐山之中而知庐山之美。你已经成年。今天和你谈谈我对你人生的总体策划：假如环境没有意外，你的道路是大学毕业，获学士学位；研究生毕业，获硕士学位；攻读博士，获博士学位，争取到当今世界发达的国家学习和工作；成家要晚，立业在先，遵循古训：修身、齐家、治国、平天下；在修养方面克服浮躁，一心不乱，增加自控能力，宁静致远，行中庸之

道；30岁前，学习，积累，打基础；30岁至55岁，成家立业，干一番事业；55岁后收心，摄心，总结人生，修持往生之道。这样，当你回顾往事的时候，可以自慰地说：我活着的时候很充实，离去的时候很恬静。永远爱你的母亲于1992年5月。

我们母子先在美国居住，后来又迁居到澳大利亚。茂森也常常应邀参加世界金融学术交流会议，以及到世界各地大学去讲学，而且在这些出访活动中常常带着我一块儿旅游。所以我到过美国、英国、加拿大、澳大利亚、新西兰、新加坡、马来西亚、泰国等国家。香港的一位海关工作人员看到我的护照上盖满了这些出入境的章，他开玩笑地说，您老人家很有福气啊，世界发达国家您都去过了。

有句成语叫日新月异，我们母子共同看到随着科技的发展，生产力的提升，人们的物质生活有了提高。但是人们的道德素质，精神境界却在滑坡。世界还存在着动乱，自然灾害频繁，国家、宗教以及种族之间时有冲突，家庭纠纷、离婚率在上升，青少年犯罪率在增长，我们看到世界确实缺少和谐。

2005年，胡锦涛主席提出了“共建和谐世界的理念”，这是时代的呼唤。那么，如何构建和谐世界呢？我们的老祖宗有办法，在中国古训《礼记·学记》中有句很精彩的话：“建国君民，教学为先。”圣贤的教育能够使人由衷地改变自己的观点和行为。如果我们大家都能遵循圣贤的教育，那么社会肯定会变得和谐。在20世纪70年代，英国著名的历史哲学家曾经说过一句很有名的话“要解决21世纪的社会问题，唯有中国的孔孟学说和大乘佛法。”试想，如果把孔孟的“仁、义、忠、恕”的教育，和大乘佛法真诚慈悲的教育能够遍及中国，遍及世界，那么肯定是人心和善、家庭和乐、社会和谐、世界和平。

看来社会确实需要有一批有志的青年，来学习和弘扬圣贤之教，他们本身要“修贤立德，学为人师，行为世范”。把圣德的教育弘扬四海，发扬光大。可是谁愿意作出这样更积极的人生选择呢？生活的现实问题，引起了我们母子的思考，我们学习中华传统文化，赞叹和仰慕孔子和孟子，难道永远停留在仰慕和赞叹中吗？难道我们就不想自己成为孔子和孟子这样的圣贤人物吗？难道我仅仅满足于当一名金融教授的母亲吗？

《朱子治家格言》是茂森很小的时候我就教过他的一篇古文，里面有一句话说“读书志在圣贤”，是的，应该让儿子学做圣贤，我要学习做孟母。即使不能全部学到，也可以部分学到。孔老夫子说“仁远乎哉？我欲仁，斯仁至矣。”意思是说，人道离我们远吗？只要我们发心行人道，当下就能做到人道。我给儿子的生日卡中说，茂森儿，做母亲的希望你更上一层楼，希望儿子做君子，做圣贤，你能满足我的愿望吗？儿子在2005年1月给我的新年贺卡中回答了我的问题，这张贺卡是我最喜欢的贺卡。

亲爱的妈妈：时光飞逝，您已经教育儿子30个寒暑，我在这30个寒暑中越来越体会到世界上最伟大的是母爱。母爱能在寒风中为儿女带来温暖，在酷暑中带来清凉。《孝经》上说“行身道，扬名与后世，以显父母，孝之终也。”因此，大孝者应以德之始，为天地立心，为生民立名，为往圣继绝学，为万世开太平。天灾人祸频繁，我们庆幸得益于恩师教诲，为了继承恩师之治，从修身开始，演说

圣贤之道，为了报答天地祖先古圣先贤之德。儿茂森。

我们有共同的语言，共同的觉悟，共同的理想，于是我写了一篇《送子拜师文》，在2006年带着儿子到香港拜师。2006年底，茂森辞去了昆士兰大学的终身教授职务，我们母子告别了美丽的昆士兰大学，告别了在澳洲新买不久的花园，儿子也告别了优越的教授生活，重新当一名学子，跟着老师学习和弘扬圣贤教育。儿子在香港跟着老师学习，而我本人又回到广州，又回到原来我住的房子，放下世间的名利，过上清静的生活，每天学习文化的经典，提高生命的层次。

2006年，儿子在我的生日时给我写了一首诗祝贺自己：

育苗辛苦半生忙，树高方可与人凉。
不愿儿为名利汉，便如孟母史留香。

从2007年开始，儿子走上了立身行道之路。4年来他在世界各地讲课的时间超过2000多个小时，关于圣贤教育的书籍已经出版了十几种。作为母亲我很欣慰，因为儿子在真理的大海中起步扬帆了。

清朝的大官，也是大儒，曾国藩先生曾说过一句话："读尽天下书，无非一孝字。"是的，中华传统文化如果用一个字来代表，那就是"孝"。它是一切道德的根本，一切教化的源头。这个"孝"字，上面是"老"字头，下面是"子"，表明老一代与子一代的和谐一体。老一代，追溯上去，还有老一代，过去无始；子一代，下面还有子一代，未来无终，都是一体的。因此这个"孝"字，体现了宇宙的真理：就是道家所说"天地与我同根，万物与我一体。"古圣先贤体证了这个一体的境界，告诉我们这个事实真相，教我们从孝敬父母入手，与父母一体就是孝。扩而大之，兄弟姐妹与我一体，就是悌；国家与我一体，就是忠；朋友、同事与我一体，就是信；人我一体，就是仁，也就是《弟子规》所说的“凡是人，皆须爱”，中国文化是孝的文化，所以家庭教育的重点就在孝。

我们来看“悌”。《弟子规》素质教育中写到“出则悌”一章，体现了两种教育，一种是对兄弟姐妹、朋友同事要和睦互助；二是要尊长恭敬，对老师要恭敬。我们做父母的一定要跟孩子一块儿力行。我每年都带着茂森到母校给校长老师拜年，并且让孩子献上感恩和赞美的诗词。在文革期间，我曾经写下洋洋万言的《回忆我的母校——华师附中》，华师附中当时是广州的第一中学，现在也是。此书我献给我的老校长，也献给这个学校的上级党委，也就是是华南师范大学的党委。当时我的老校长和许多老师都因为受到文革的冲击，做起了扫地、杂工的工作。看到我写的这篇《回忆我的母校——华师附中》他们非常感动，因为当时已经没有人肯定他们的功劳了。他们看到我写的这近万言的字非常欢喜，我还把老师校长请到我家里吃午餐，我非常感谢我的老师和校长。而孩子看到母亲对过去的校长和老师都这么感恩和尊敬，所以在茂森幼小的心灵中就刻下了尊师重道的印象。

茂森虽然是独生子，可是工作以后，他常常对堂、表兄弟姐妹们都非常关心和爱护，还给予经济上的支援。他的两个叔叔、四个姑姑大多数生活在农村，他们的家境并不富有，茂森就常常给他们的孩子以精神上和经济上的关怀和帮助。

茂森在美国留学期间，曾经 8 次组织中国留学生座谈孝道。每次组织这种活动的时候，他都是主动出钱，准备一些食品、茶水。

大家都非常开心，而且他把自己在家庭中所学到的，关于传统文化孝道方面的故事和经典与大家分享。在2006年，茂森已经工作了，他应聘为母校“中山大学岭南学院”的金融客座教授。当时他是用英语直接给硕士班的学生讲课。他用丰厚的讲课收入设立了一个“孝悌助学金”，来帮助贫困的大学生，资助他们的学费和生活费。后来受茂森感召的几位香港朋友也发心赞助，将这个助学金扩大。

他在中大任教期间还常常到他中学时的母校去给小师弟、小师妹讲解“幸福成功的根基”，以此鼓励这些弟弟、妹妹们，要把德行和学业都搞好，因此受到母校师生的热烈欢迎。这就是他在“悌”方面的表现。

下面到第三个“谨”。《弟子规》素质教育中讲到“谨”，它要求生活有规律，作风严谨。茂森的家庭教育，让他从小就养成了一种健康文明的生活习惯。像《弟子规》说的“朝起早，夜眠迟，老易至，惜此时”“对饮食，勿拣择”，这些他都能够做到。在家里我要求孩子坐有坐相，站有站相，读书有读书相，我从来没有问孩子喜欢吃什么东西，我做什么饭孩子就吃什么，而且他在家里要做家务。他在小学4年级的时候就已经会做饭了，记得有一天下班回来，茂森给我开门，突然伸出一只小手说“妈妈请”。我一看桌子上摆满了饭菜，有炒蛋、还有炒青菜等等，这是孩子第一次独立做好了饭菜等爸爸妈妈下班，所以我非常惊喜。让孩子从小做家务，扫地、倒垃圾，或者到附近的超市里买东西，以及做饭洗衣服，这些是在锻炼孩子的自立能力。

我们除了培养孩子的自理能力之外，还要训练孩子独立办事的能力和勇于承担的精神，正如《弟子规》中说的“勿畏难，勿轻略”。茂森等待高考放榜之前正好有一段时间，当时我在单位接到一份会议通知书，说到杭州参加一个全国高级公共关系及管理会议，因为我当时的工作很忙，不能参加这个会，而我们单位也抽不出人来参加这个会，我就决定利用这个机会，让我的孩子自费参加这个会议。当时虽然茂森是高中毕业，但是从来没有独立出过远门，更没有参加过这种会议。我就对孩子说你平常不是希望有锻炼的机会吗？现在机会来了，你准备好衣物和笔记本前往杭州开会。当时孩子愣住了，但是很快就明白过来了，他就积极地做着准备工作，自己到火车站去买火车票，然后整理行装。我叮咛他说："你要认真参加这个会议，做好笔记，因为这次会议的人物都是全国著名的专家、学者、教授，你要虚心学习，代表我去开会，回来后向我们家族传达会议的精神，到时所有的亲属都会来听你的报告。"

孩子接受了这个使命，我还告诉孩子这个火车到达杭州的时间是夜里，你要和列车员打好招呼，你要准时下车，然后我就放手让孩子去锻炼。一周以后茂森平安地回来了，他非常欢喜地向我讲述这次会议在杭州和上海的活动情况。那个星期天，我准备了丰富的午餐，请所有的亲人们都来，他们还把孩子带来，听取茂森汇报全国公共关系和管理会议的精神。我看了儿子做的笔记非常得认真，他汇报得也非常好，他坐在那里很庄严，大家都很爱听他的汇报。我呢，就在一边观察他，我发现我的儿子很适合当一名教授。我当时就决心一定要把儿子培养成教授，我当教授的母亲。

高考放榜了，他以优秀的成绩考上了自己的第一志愿——中山大学岭南学院国际金融贸易专业，是当时这个专业考分最高的。以茂森在广州华师附中的优秀成绩是完全可以报北大、清华的，老师虽然这样劝他报考，但是我有自己的看法。当时是在 1991 年，我觉得中国自改革开放以来，不断地引进外国先进的技术设备和生产线

促进我国的经济发展，可是有一些青少年他们不辨糟粕，学习外国人的生活方式，过分地享受生活，比如追逐歌星、跳舞、打牌，甚至性开放。有些学生在中学的时候是非常优秀的，可是到了大学，由于远离家门没有父母的帮助，所以遇到诱惑之后就堕落了。我最关心的是孩子品德的巩固，于是我让孩子在自己视野能够关注的范围内学习。所以我决定让孩子报考中山大学，这也是岭南第一学府。

是不是让孩子上了大学就没有事了呢？不是的。18 岁上大学，这个年龄在法律上是成年了，可是不代表思想上的成熟，所以母亲还要呵护他。孔子教导我们“君子三戒”中说：“少之时，血气未定，戒之在色。”茂森上了大学之后，他积极参加学生团体活动，担任中山大学经济学社的社长。在他担任社长的期间，曾经在学校里面成功地举办了模拟股市和模拟期货交易所，接受《南方日报》、广东电台的采访，当时很轰动，他主编的学校刊物《经济纵横》也受到所有学生的好评。因为孩子在大学里很活跃，就引起了一些女同学的注意，所以做母亲的要体察细微。我曾经两三次无意中接到一位中山大学女同学的电话，还在一次活动中也见到这位女同学，她长得很漂亮，个子也很高，而且学习也很好，据说家庭情况非常好。她主动、热情地接近茂森，而茂森对她也很有好感。

假如这个时候我做母亲的对此事表示欢喜和支持，那么这两个孩子的关系就该确定了，可是我觉得人应当立志高远，不能过早地被男女之情所缠绕，因此我觉得要提醒孩子，他现在不能谈恋爱，应该专心完成学业。无论对方条件如何优越，我们的原则不变。所以我和儿子做了两次非常诚恳的谈话，我说了三条意见：

第一条，读书期间就是读书，不能谈恋爱。读书完成学业、学好道德，这是一个学生的宗旨。这是大道理、硬道理，其他的都放在一边，而且不能用父母的血汗钱来搞这些风花雪月的事情。

第二条，如果现在谈恋爱你一定会分心，一定会影响你的学习。我听说很多大学生写情书都写到半夜，可想而知，第二天怎么能够上好课呢？所以一定要把精力用在学习上，使成绩优秀。

第三条，读圣贤书要学以致用。因为他从小就跟我学习传统文化，《四书·大学》里面说“格物致知”，就是要革除欲望而坚持礼治，这个不是纸上谈兵，你现在遇到考验，一定要做好。

孩子接受了我的意见，把女孩子的照片退回去了。结束这段感情之后，他学习非常认真。在大学毕业以后，考中山大学经济专业，他在180名考生中名列前茅，同时他也考上了美国路易斯安那理工大学的研究生，而且还拿到了奖学金。所以茂森在给我的节日贺卡中说：“感谢母亲的帮助，我觉得母亲是家庭教育的主角，掌控着孩子成长阶段的各个进程。在幼年时期，母亲是孩子的救星和保护神；在青年时期，母亲是总参谋、总监；在成熟时期，母亲是朋友是尊长，母亲永远是孩子的老师。”

古德教导我们，“作之君，作之亲，作之师”，母亲在家庭的教育中一定要扮演好这三种角色。“作之君”，你是孩子的领导；“作之亲”，你是孩子的至亲；“作之师”，你是孩子的老师。母亲只有把这三种角色都扮演好了，你家庭的教育才能成功。

茂森由于从小受到良好的教育，所以他在出国留学的时候，虽然离我很远，但还是能够自立自强。他给自己的生活规定了“七不”，这是他在留学期间坚持做得很好的。

这“七不”就是：一不看电视电影，二不逛商场，三不留长头发，四不穿奇装异服，五不乱花钱，六不乱交朋友，七不谈恋爱。

要做到《弟子规》中所说的“斗闹场，绝勿近，邪僻事，绝勿

问”。由于他能这样刻苦，能够自守，所以在 1997 年硕士毕业的时候，所有的成绩都是 A，因此而荣获大学里的 500 美元特别奖金。得到奖金后，茂森马上给我寄来 200 美元，让我分享他的快乐。由于能守住《弟子规》的教导，安静、清静地学习、生活，茂森提前毕业了。他以四年的时间完成了硕士、博士的课程，一次性通过了博士资格考试。在美国路易斯安那理工大学金融博士的资格考试是从早到晚历时 8 小时，这 8 小时的考试是对一个人的头脑、心态、身体、学识的一个综合考验。有的人因为考试时间太长而头昏脑胀，所以不能一次通过。有的人由于功课准备得不够，也没能一次通过。但茂森是幸运者，他一次就通过了，这个幸运是因为平时的努力和积累，因为学习力行《弟子规》。

下面就是“信”。

《弟子规》的素质教育中讲到“凡出言，信为先”，这是《弟子规》里面讲的很重要的一个素质教育。现在的人由于处在经济市场环境中，往往都是说话很随便，不守信用。茂森在美国读博士的时候，他看到当时路易斯安那理工大学的商学院，没有为研究生设立基金活动费。比如说你这个研究生要跟导师去外面参加学术活动，那么你的交通费、住宿费、会务费都要自己负担。他觉得应该向校方提出申请，希望学校能够成立这个基金，而且跟校方表示说，工作以后，一定每年都寄钱，支持、捐助这个基金，一定连续 5 年，每年为这个基金会捐 1000 美元，希望学校迅速立项，为研究生的科研活动设立基金。茂森毕业后，他很顺利地到了美国德州大学教书，当他第一次领工资的时候，马上把 1000 美元寄到了母校。当时商学院的系主任安德列先生接到钟茂森的这 1000 美元时非常惊讶，他以为这位中国学生说说就算了，可是茂森连续 5 年每年都寄 1000 美元支持促进学校立项，后来学校很快就立项了，那么以后的研究生就可以享受到研究生的活动经费了。后来学校通知他，你已经寄了5年了，就不要再寄了，所以5年之后他才不再向母校寄钱了。

这就是孔子说的“人而无信，未知其可也”，就是说人如果没有信用，怎么能够立足在社会上呢？儒家讲“言必信，行必果”，是我们中国人都应该做到的。

下面我们看“爱众”。

《弟子规》的素质教育中有一句话说得非常好：“凡是人，皆须爱，天同覆，地同载。”茂森在美国留学期间曾经两次义务到美国医院献血，当时美国医院很缺乏这些健康的青年人的鲜血。他给我打电话说到美国医院献血了，我听了以后非常嘉许这种精神，我们做母亲的一定要呵护孩子的一切善念、善行。这样做是不是吃亏了呢？不是吃亏，我们让孩子学习奉献的精神，他的心量会开阔起来，他的精神会升华。所以我们母亲要学会欣赏和支持儿子一切好的行为。

茂森工作以后也曾经多次捐款支持中国贫困地区的孩子读书，比如像赈灾、济贫、印善书，甚至买物放生和对老年人临终的关怀等等，这些活动他都积极参加。我鼓励儿子这种助人为乐的行为，能以爱亲之心去爱所有的人，这就是《弟子规》所说的“泛爱众”。可是真正的“爱众”还包括让大众觉悟，继承中华民族的道统，恢复伦理道德和因果教育，也只有这样才能使我们的家庭与社会和谐。因此我鼓励儿子重新选择人生的道路，因为我赞成儿子把原来的副业调整为正业，舍金融教学而从事圣贤的教学。落实《弟子规》中的“泛爱众”，我们母子觉得人生应该提升到这样的高度上。

《孝经》上说“爱敬尽于事亲，而德教加于百姓，刑于四海。”意思是，以爱敬之心，侍奉父母，而将道德的教育推广之天下万民，

同时为四海百姓做出孝道的典型。我认为能孝敬自己的父母是小孝，能孝敬天下的父母，全心全意为人民服务才是大孝。能成就圣贤，普利众生，使千秋万代的人获益无穷是至孝。我支持儿子走上大孝，奔向至孝。推动中华传统文化道德的教育，促进世界和平就是爱尽天下人。

下面讲“亲仁”。

《弟子规》的素质教育里说：“能亲仁，无限好，德日进，过日少。”亲近有道德、有学问的老师，是我们进行素质教育的重要方面。我们不仅在学校里来寻找那些优秀的老师，让孩子都亲近这些老师，而且我的眼光也注意到了社会的教育也是很重要的。

在1992年，有一位智慧长者，他应邀到广州讲学，我们母子都有缘听到这位老先生的课。听了这位老先生的课，使我明白了，中华民族灿烂的文化都是圣贤的教育。后来茂森出国留学，他所在的美国路易斯安那理工大学离这位长者的住处很近，我常常让孩子到这位智者那里去听课，跟这位老教授亲近。

在1997年茂森24岁时，他接近这位长者已有一段时间，他发出了孝养父母的九条孝愿，献给了老师和父母，他的孝愿使我很感动：

一、我从今日至未来际，对于父母，倾尽所有，乃至身命，以至诚心，礼事供养，昼夜六时，心不间断。若对父母，或因悭吝不舍，或贪利养名闻，不勤奉事，我则名为，欺诳圣贤。

二、我从今日至未来际，对于父母种种善愿，尽舍身命，悉皆实现。若生退怯，不愿成就，我则名为，欺诳圣贤。

三、我从今日至未来际，对于父母，以种种美好柔软言辞，令其欢喜，勤事不懈。若对父母以一粗言，令其不悦，我则名为，欺诳圣贤。

四、我从今日至未来际，日夜常思父母恩德善行，常生信敬，起教师想，于他人前，赞叹父母之德。若于父母，伺求其过，生一念轻慢之心，我则名为，欺诳圣贤。

五、我从今日至未来际，以种种方便，安慰父母，令其不生忧恼恐惧，于一切境缘皆得解脱。若吝惜身命财物，生一念逃避之心，我则名为，欺诳圣贤。

六、我从今日至未来际，常以种种圣贤教育，开解父母，令其欢喜，生起正念，明了宇宙人生真相。若于父母法供养时，遇有障碍，便生退屈，我则名为，欺诳圣贤。

七、我从今日至未来际，护持父母修学圣贤之道，成就圣贤。假使大火相炙，万刃相加，我护持之愿，无有动摇。若不尔者，我则名为，欺诳圣贤。

八、我从今日至未来际，广为他人演说孝道，以身作则，劝令一切众生孝养父母，受持此愿，无有疲厌。若不尔者，我则名为，欺诳圣贤。

九、我从今日至未来际，为于父母，勤修道德，斩除私欲，志在圣贤，勇猛精进，圆满孝道。于普天之下所有一切父母，供养教化，开示正道，令其得到究竟安乐，令天下大同。若不尔者，我则名为，欺诳圣贤。

我们深深地感到，一个人能否取得成就与两个很重要的因素有关，一个是受到良好的家庭教育，一个是遇到名师的指点。中华传统文化的根基就是孝道和师道，我们体会到家庭教育是根本，学校

教育是家庭教育的延伸，社会教育是家庭教育的扩展，而圣贤教育是家庭教育的升华。

圣贤是可以教出来的

回顾我儿子 30 多年的生活历程，庆幸茂森不是电视机带大的孩子，不是保姆带大的孩子，也不是老人带大的孩子，而是母亲带大的孩子，是中华传统文化带大的孩子。我以自己的亲身经历体会到家庭教育至关重要，孩子是可以教好的，优秀是教出来的。古人说，母教为天下太平之源。我们希望国家有栋梁之才，就必须从我做起，从每一个母亲做起，培养好儿女。

茂森是一个非常普通的孩子，小的时候是又土气又淘气，经常和小朋友摔跤、打架。5 岁的时候，我在家里教他《游子吟》，这首诗很短，可是他足足学了几个月，虽然很费劲，但是我很有耐心地教他。以后他学习的速度就越来越快了，一直到现在，完全走上学习和弘扬圣贤教育的道路。儿子在美国博士毕业的时候，给我的信中说：我对我从小的照片难以置信，昔日一个淘气的孩童，今日成为有为青年，这其中有母亲多少呕心沥血的操劳，多少无微不至的关怀，多少循循善诱的教导。

茂森说过，他原本是一块粗劣的碑石，而我正是一位智慧的雕塑家。

圣贤教育是可以造就一个人的，我们每一个孩子都好比是一个未开采的金矿。那么用什么方法去开采呢？用教育，用中华传统五千年的智慧和方法去教育。打开中国的传统童蒙课本《三字经》，上面一开始就说“人之初，性本善，性相近，习相远，苟不教，性乃迁”，这就是教育的原理。

我们学习老祖宗的这段话，我们对自己、对孩子，就会非常有信心了。我们每个人都有至善的本性，只因为后来受了污染，所以习性就不同了，这也就是为什么孟母要三迁。我们的本性好比太阳，所受的一切污染好比是乌云，我们现在的教育就是要拨云见日，恢复我们纯善的本性。孟子说“人皆可以为尧舜”，《弟子规》中也说，“勿自暴，勿自弃”。因此，一个人经过长期良好的教育和熏陶，他就可以变成优秀的人。

教育的宗旨就是传授善知识，教育不是淘汰人，也不是遗弃人，而是帮助人、转化人。怎么转化？就是转恶为善，转衰为盛，当我对教育有了这样的感悟之后，才有信心说，优秀是教出来的，关键是从家庭教育开始。

一个孩子经过这种教育，他就会做出让父母、社会、祖国和人民满意的事情。那么在这里我想问一下读者们，你们的一生到现在，有没有做过哪几件事让你们的父母很开心的呢？我想对儿子30多年来所受的教育做一个小结，茂森至今做过10件事令我很满意、很开心：

第一，小学四年级时，能主动独立做好一桌饭菜，让父母享用。

第二，能以健康的身体和品学兼优的成绩，完成小学、中学、大学、硕士、博士的全部学业，在26岁时让母亲成为博士的妈妈。

第三，在整个读书过程中，特别是赴美留学期间，能遵照母亲的要求不谈恋爱，不结婚，专心致志求学。

第四，以刻苦的求学精神和简朴的留学生活，用4年时间完成了硕士、博士的全部课程，赢得美国著名教授的称赞：“茂森是我二

十几年教学生涯中最优秀的学生”，为中国人增光。

第五，在留学期间，能以勤工俭学的收入和节省下来的奖学金孝敬父母。工作以后，以工资每月供养父母和乡下的爷爷奶奶。

第六，写下了许许多多的信件、贺卡、诗词，让母亲开心，让亲友们感动。

第七，以优秀的教学成绩和多次获奖的论文，成为年轻的教授。实现了我要当教授母亲的愿望。

第八，为姥姥送终守夜，为钟氏家族修祖坟，为爷爷奶奶在广州买房子，让二老颐养天年，敬老、爱老，让母亲开心。

第九，在大学任教期间注意修养品德，弘扬圣德教育，在世界各地演讲，内容包括：“明道德、知荣辱”；“八荣八耻的学习体会”；“幸福成功的根基”；“年轻人应有的美德”等专题报告，把孝心、爱心奉献给社会。

第十，立志传承圣贤教育，为和谐社会做更积极的贡献，辞职拜师，全身心投入到学习和弘扬圣贤教育工作之中。

回忆我们母子30多年的生活历程，是接受传统文化教育的历程，是共同觉悟、共同提高的历程，是爱的教育、爱的奉献的过程。我们将继续努力，从母子有亲，这个爱的原点升华和扩展，为和谐社会、造福大众，创造美好的未来。我愿意把儿子献给人民，茂森不属于我，不属于钟氏家族，他属于中国，属于世界。

我把30多年教子心得浓缩为三句话，献给大家。

和谐社会女德母教至关重要，让我们以智慧的母爱为中华民族培养优秀的后代。

教子之道德为重要，让我们从孝道开始，从《弟子规》做起。

愿天下的母亲，都积极为和谐世界培养更多大孝、至孝的儿女。

第八篇

盘古女学社里女人们的故事

陈艺文，史学硕士，电影文学、经济学研究生。前央视记者，影视制作人。懒人公社创始人、教育投资者、国学文化推广者。

大家好，我叫陈艺文，为了帮助更多的女人重新获得自信，并且拥有幸福的能力，我和几位同修道友在北京盘古大观成立了盘古女学社，这里有很多默默实修的女人们。她们虽然曾经有着各自的命运，但都在经过认真学习传统文化和女德后，实现了完美的蜕变，她们对生活有了新的感悟，追求着内心的宁静。现在，我就跟大家分享几个发生在盘古女学社里女人们的故事，分享的

目的不是窥探他人的隐私，而是通过他们的亲身经历，证实女人回归了本位，拥有了幸福的智慧，那么不管是现在还是将来，无论遇到什么情况，都可以自己把握方向，成为一个有能力创造幸福的智慧女人。

1. 看上去很美的“假女人”

有这样一对夫妻，两个人都很出色，先生一手经营着自己的事业，妻子也做着一些小生意。这位妻子是一位特别出众的女孩，形象气质俱佳，工作能力很强，口才也非常好，但是很久以前，在她的圈子里，人们背后给她起名叫“假女人”。

假女人是什么？就是不够真诚，矫揉造作，说的和做的完全是两回事。她所展示给别人好的一面也只是为了获取别人的夸赞，以此来满足自己的虚荣心。所以，她和老公的关系也一直存在隔阂，人前看起来恩爱有加，可是独处时，两人动辄火冒三丈，冷眼相对。在公婆的家里，她也尽可能表现出自己的孝顺和懂事，但这些言行举动都不是出自真心的。所以，她的妯娌、亲戚们在背地里都看不惯她，对她也很有意见。

时间久了，这位妻子自己也很辛苦、很累，因为她习惯于去表演，表演别人认为的美好形象，一旦“演出”落幕，又开始暴露出本性。老公也很郁闷：都说是“好老婆”，但是一回到家就变得乖张暴戾，所以常常发无名之火。后来，大家看出了这个妻子的问题，就有更多不好的舆论指向她，她有时候也很纠结：我的生活看起来和谐美满，但是为什么我时常都会有一种巨大的空虚和落寞？此后，她就开始寻找原因，经朋友介绍，她来到盘古女学社，开始学习国学。她接触了女德，研读《弟子规》、《朱子家训》、《女诫》、《女人道》，开始反省之前的过错，并决心用传统文化中女德的规范严格要求自己，从此，这位妻子就走上了一条真正的修行之路。

“百善孝为先”，这位妻子先从孝顺自己的公婆开始。以后，这位妻子每天开车去给公公、婆婆做饭、洗衣服。在她的公公住院的时候，她推掉一切应酬每天在医院守护。一年 365 天过去了，她与公婆以及亲戚们的关系也从一开始有条件、有回报地付出变成无私地去做，心态和言行方面都发生了很大的改变。

但是，生活往往不那么尽如人意，她和老公面对的最大挑战是：老公是整个家族中最成功的，而他们婚后 10 年没有孩子，所以夫妻二人一直苦恼不已。公婆看到他们的难处就建议把老公弟弟家的孩子过继给他们，但是不能叫他们“爸爸”、“妈妈”，只能叫“大爹”、“大妈”。这让妻子很纠结，法律上过继了，事实上又不能成为孩子的监护人，以后老了不但不能享受到孩子的赡养，还要面临给孩子分家产的法律风险。思来想去，她觉得很苦恼，然后就和同修一起分享自己的真实想法，感觉婆婆的安排有些不近人情，自己打心底里很难接受。同时又开始反思：圣人说“行有不得反求诸己”，是不是我把财富看得太重要了，这或许也是修行路上必须跨越的一道坎，让我去突破，只有突破了，我才

能真正放下“我执”。三天后，她同意了婆婆的安排。当她把自己的想法告诉婆婆的时候，老人被这位儿媳妇的胸怀深深地感动了，反而觉得自己的提议对大儿媳不太公平，便跟她说：“要不就先别过继了，毕竟现在你们还没生自己的孩子呢，万一以后生了不就后悔了吗?”所以关于过继孩子的事就先暂且搁置。

再后来，家族里里外外又发生很多事情，这位妻子始终恪守女德，在家里做一个温柔、贤淑、矮和随顺的女人，在外面做一个谦卑、恭敬、识大体、言出必行的真女人。当婆婆得了白内障的时候，她更是寸步不离身边，尽守儿媳妇的本份。又是一年 365 天过去了，默默地付出，不求任何回报，哪怕一句赞赏或感谢都不需要，所有的这一切，大家都看在眼里，佩服在心里。

闲暇时候，这位妻子心中还是有个遗憾：结婚 12 年了，一直没有为夫家生个一儿半女，看着先生微微拱起的背，她多么渴望有个孩子唤起先生的动力，给这个家增添欢笑和活力。

第三年的春天，她的弟媳妇不小心又怀孕了。弟媳妇夫妻原本的想法是不再要孩子了，于是决定把肚子里的胎儿打掉。这时，婆婆又来主持家族大事，她提议把孩子留下来，为大儿子、大儿媳而生。

看到嫂嫂这么多年一点一滴的改变和无条件的付出，弟媳夫妻早已被深深地感动。他们决定把孩子生下来送给自己的哥哥、嫂嫂。

得知这个消息后，嫂嫂激动得喜极而泣，彻夜未眠。弟媳妇在家庭会议上开诚布公地说了自己的想法：“要是以前让我怀胎十月辛辛苦苦给别人生孩子，我是一定不肯的，况且我以前很讨厌你的虚伪做作。但是这三年，看到你确实有太大的改变，为咱们家族付出的太多，所以我们商量把孩子生下来，而且是心甘情愿送你们抚养。以后你不用担心，我们不会再和孩子有任何亲情上的纠缠，也不会去和你们争夺抚养权，这个孩子就是为你们而生的……”

现在，小天使已经降临人间，来到了爸爸妈妈身边，这位新上任的母亲幸福地享受着天伦之乐，无比感慨地说：“看来修行女学是真修一分，就真获利一分，我此生能有机会学习女学真是太幸运了。这孩子还是我们自家的血脉，我们能老有所养，这真是老天天大的恩赐啊。”

真的假不了，假的真不了。女人在家里都不能坦诚展露自己最真实的一面，用虚情假意换取美名赞誉，结果不但家人累，自己也累。所以，女人修行的第一步就是去假存真，像阳光一样通通透透，坦坦荡荡，没有一点隔，不藏一点阴。《女诫》讲：“女人要谦卑、要柔弱、有顺的心念。”这种顺不是假顺，必须是发自真心的“顺”，对老公柔顺，对公婆孝顺，对亲戚还要顺乎人情，至真至诚，唯有如此，女人修身养德，才能够和光同尘，获得真实的幸福。

2. 不敢去爱的“怯女人”

有这样一对“半路夫妻”，他们之前都各自有过一段婚史，彼此在事业上也很成功，但是再次结合后面临一个很大问题：双方

都对婚姻有一些阴影，很难突破思想上的界限坦诚相待，真正没有隔阂地生活在一起。

当时，先生的主张是把两个人的经济合在一起，因为这样才能保证婚姻的稳定，否则结了婚还是AA制的婚姻生活，可能随时会散伙。而女方则认为，现在的社会如此浮躁，女性普遍缺乏安全感，别说是没多少钱的家庭，女人自己还要有个小金库，我现在经济已经这么独立，怎么能把自己的财产和盘托出呢？

就这样，两个人在经济方面讳莫如深，致使婚姻生活表面和谐却内存鸿沟。后来，这对夫妻在一次读书会上进入了盘古女学社的团队，经过专业指导老师的指点和同修们亲历故事的影响，他们很乐意在传统文化的滋养下求取心灵的“和解”。

随着学习的不断深入，女方开始反思自己：为什么我再婚以后会面对这样的经济课题呢？为什么我会遇到这样的考验？我们眼下存在的问题可能就是因为没有破除之前对伴侣的怀疑，没有真正地去接纳对方，所以无法突破心中的禁锢，如果彼此的心灵无法达到相融相生，遇到礁石，是不是很容易分道扬镳？

改变关系要从改变自己做起，圣人所谓“道找一面”就是只找自己的不是，不挑别人的理。这位妻子就试着先从自己做起，去修复和先生的关系，主动把自己的一部分积蓄拿出来，和先生一起买了一处房产。

先生看到妻子已经用行动表达信任与交付的决心，于是就很快做出回应，第二天就送给妻子一部奔驰，并且在新注册的公司里给妻子一部分股份，此后购买的不动产也主动写上女方的姓名。

事实上，在女方决定交付财权的那一刻起，也遭到了身边几个亲朋好友的质疑，他们不约而同地劝她，不要感情用事，这世界如此功利，人心如此复杂，男人把握了你的财权，万一以后对你不负责怎么办？但是这位妻子还是决定相信自己的判断，相信爱人，相信人性的至善，相信大爱能征服一切人性中的黑暗。

这是一次令人称奇的冒险。当最后夫妻双方在信任度和心灵层面达成一致的时候，她不禁感叹："原以为是万丈深渊，其实跳下去才发现别有一番洞天，就如金庸小说里的传奇故事一样，绝处逢生，落入仙境，偶遇仙人传授真经，再出江湖时，已经超越世俗，武功盖世了，呵呵。"

"阳刚阴柔天地之大气，夫恩妇爱，人道之大精"。夫妻二人的关系是在阴阳、刚柔之中互相混合搭配的，如果只是单纯的一面，就很难相合。夫妇相处之道中，金钱在婚姻关系中起着微妙的化学作用，如果不能彼此信任对方，让财务状况透明和融合，就说明双方还没有完全把心交给对方。夫妻双方坦坦荡荡相处，丈夫讲情义道德，妻子讲恩义和顺，丈夫领妻在道，妻子乐于随顺，夫妻同心，其利断金。

3. 执着追爱的真性情女人

有这样一位女人，性格豪爽，心思单纯，共经历了三段婚姻。第一段婚姻中，先生是和她青梅竹马的伴侣。当有一天她遇到了

一个更成熟、更有魅力、更吸引人的男人时，她感觉自己完全把持不住自己的情感，就真诚地和老公摊牌说自己爱上了一个男人，并且希望和他共度一生。然后，她当时的老公就亲手把这位妻子交付到第二位丈夫的手里，并且参加了他们举办的婚礼，真诚地送上了祝福。因为他觉得眼前的这个女人很真实、坦荡、磊落，并且丝毫不隐藏自己的真性情，能真实地面对自己的情感，所以就成全了她。

这个女人和第二位先生组建了家庭后很快就为其生下两个孩子，正当她陶醉于这场婚姻家庭的幸福时，意外发生了。正所谓当时不善的缘结了不善的果，没过多久，先生就离开了她。分开之后，女子开始反省自己，为什么自己当年热血沸腾迎接来的婚姻会是如此结局，她试图找到答案。

很幸运她早早进入传统文化的修习圈子，明白了涵养女德才是真正的幸福之道。“我感觉自己第二次婚姻的失败和之前对前一任的‘背叛’有某种联系。”当觉察到自己德行不够的时候，她开始向更多有智慧、有德行的人讨教，在传统文化的经典中汲取营养，并且踏踏实实落实在生活中。

一直以真性情为荣的她，终于明白了，爱情和婚姻是两个完全不同的概念。爱情只是一种梦幻的、漂浮不定的感觉，如果只是带着这样的感觉走入婚姻，那就注定要走向幻灭、走向失败。前两次是在找感觉，哪一天感觉丢了，婚姻也就难以为继了。两次失败的教训使她深刻地意识到，决不能再把爱情当氧气，那样过了爱情保鲜期婚姻就会窒息。然而婚姻又意味着什么呢？意味着责任、付出与承诺。婚姻中的两个人就是共同修行的伴侣，应该相扶相携走过这一生，不离不弃、相融共生。

当对于婚姻有了全新的认识后，她开始积极地寻找自己的人生伴侣。不久，她认识了现在的先生，这个男人同样也是我们修行圈里的，在进入传统文化这个实修圈子之前自己本身曾有抑郁症的倾向，比如，对生活充满一些消极的看法，经常对生活感到失望和绝望，但是他特别有才华。随着共修学习的深入，他们相知相爱，因为对婚姻的概念是一致的，并且有相同的价值观，所以两人再度携手，共同步入婚姻的殿堂。

第三次结婚的婚礼上，新郎对新娘说："新娘就是一个新的娘。"女人深深记住这句话，婚后对丈夫就像对自己的孩子一样，特别包容、关爱，并且用自己对生活十二分的热爱逐渐把老公从抑郁的状态中带了出来。

把你想要的先给予别人，你将教会别人怎么对你。她发自内心真诚地关爱老公，老公自然能感受到老婆对自己的爱。他每天接送他们的女儿（妻子和第二任丈夫的孩子）上学、放学，并且给女儿辅导功课，讲故事，带女儿睡觉，父女亲情甚至超越了母女之爱。后来，这位真性情女人和我们分享时这样评价她的丈夫："老公关爱女儿的程度甚至超过了我这个亲妈，为了防止有了孩子会冷落了女儿，老公竟然放弃再生孩子的机会，这个男人的境界与胸怀彻底征服了我。"

男人是梁，女人是墙，没有梁、没有墙就没有这个房子，就不成这个家。要拥有一个美好的家庭，男女之间要互相疼爱。王凤仪老先生这样说，"夫妻不讲理，讲理气死你；夫妻要讲情，讲情互相疼。"平平淡淡才是真，所以夫妻之间要彼此珍惜，平平和

和地相处，你疼我让，才能有一个和和美美的家。

4. 勇于“破冰”的“铁女人”

有一对夫妻，男的是富二代，是比较早的富二代，研究生毕业后回到已经做得很庞大的家族企业。像很多富二代一样，在婚姻方面他也并不自由，他强悍的母亲——企业创始人，为他一手操办婚姻，找了一个特别优秀的女员工给给他，辅助企业更加稳固地发展。美中不足的是这位女员工只有高中学历，长相也相当普通。

结婚后，因为两人在教育背景和生活背景方面悬殊很大，所以婚姻生活中彼此都伤痕累累，后来当两个人感情恶劣到极点的时候，这位妻子曾几次自寻绝路，有时候甚至走到路上看到车都想撞上去，感觉生活毫无意义。

此时，她的先生也对这个家心灰意冷，离家出走了。在离家出走的三年中，他开始研究传统文化。在学习的过程中，他先反思自己：自己作为男人没有尽到一个做丈夫的本分，不能领妻在道，也没给过老婆家庭的温暖和关怀，一心念着自己的委屈，弄得家宅不安，老少担忧。当他认识到自己的问题后，就从怨天尤人变成自我反省和自我改变，最终重新回到了家庭。

妻子本身很朴实、很真诚，也很有慧根，夫妻两个坦诚地将心中积怨吐出来，真诚向对方道歉，发自内心去找自己的不是。妻子说，以前因为家庭背景和学历的差异，自己确实是有一些自卑感，而且她本身性格强悍，又是企业的功臣，在工作中特别能干，所以习惯性地把这些霸气和铁腕带到家庭生活中。在家里，她展示给先生的那一面还是铁女人的形象，她和先生本身就谈不上有爱情，结婚后又没有柔情，所以思来想去，婚姻中出现的很多问题还是自己造成的。当两个人出现矛盾的时候自己并没有化性，没有像水一样柔和、随顺，反而在把自己往死里逼的同时，也把先生逼上绝路。

她跟女学社的同修们分享说："现在明理了，懂得尊重老公，凡事多请教，在公司里有什么事先请示老公，这个事你觉得应该怎么办呢?"总之，她充分地尊重老公，凡事让老公拿主意。慢慢地，身上的霸气和强势消退了，人变得柔和了，昔日强悍的铁女人身上竟然慢慢地展现出小鸟依人的女人味，看起来很是迷人。日常生活中，她也更加温柔和体贴，早早起床给老公做早餐，有时候即使老公很晚回家她也从不盘问，更不会让孩子去打探。婚姻当中最重要的是信任，她相信老公肯定是在做自己应该做的事，所以每天都能从容安心地进入梦乡，而不像以前只要老公没回家她就睡不着，不停地打电话发短信。现在，她的心态特别平和，每天思索的事就是尽好自己的本分，其余的都放心地交给老公。

两人从一开始互相排斥，不"触电"到彼此接纳和欣赏，婚姻家庭如同枯木逢春又发新芽，令人欢喜赞叹。他们经常说如果实修传统文化根本体会不到其中的魅力和力量。有一次同修们去郊外游学，远远看到他俩夫妻凑着头在说悄悄话，我怕打扰他们

就准备故意绕开。此时，听到他们开心大笑，我远远地问道："你们俩个有什么开心事呀?"

女人大声地回答说："刚刚我老公说，如果有下辈子，还娶我做老婆!"

一对险些离婚的夫妻，如今像重新恋爱一样，发现彼此人性的美好与光亮，更加懂得珍惜和感恩。如果不是因为持之以恒实修传统文化，分居三年的夫妻又怎么可能重新相爱?

"各自责，天清地宁；各相责，天翻地覆。"为夫有恩义、有情义、有道义；担负起家庭的责任，体贴妻子，关爱妻子；妻子有女德：妇德、妇言、妇功、妇容；家庭生活中，妻子要温柔善良，随顺矮和，体贴老公。

《易经》里讲，一阴一阳之谓道。

女人为阴，男人为阳。阴阳合序，天清地宁；夫妇合序，家道祥和。现代社会强调女人要追求成功，这本身并没有大的问题，问题出在女人在追求成功的路上，忘记了自己的女人天性，抛弃了女人的天职，向雄性世界比高低，最终把自己变成了穿着裙子的男人。无论这样的女人外表再光鲜美丽，一旦进入职场就强悍无比，令人望而生畏。试想这个世界，如果月亮非要变成太阳，我们的小宇宙还能阴阳和谐，安宁祥和吗?

《道德经》里讲：天长地久，天地能长且久者，以其不自生，故能长生。每一对夫妻都曾经渴望天长地久，但是为什么现在的离婚率如此之高？就是不明白天长地久的真正含义。老子告诉我们天长地久的法门：不以私情占有，而是无条件地付出，真心成就对方。男人是天，要讲乾德；女人是地，要讲坤德。天地之德是什么呢？我们要学习从无字句处读天书，读懂天地大美而不言的厚德。天地之德正所谓：生而不有，为而不恃，长而不宰。自己生养的东西不去占有，自己成就的事业不去执掌，身为尊长不去主宰别人，这就是天地之德。夫妻之间，以这样的厚德相处，岂有不天长地久的道理？

《诗经》里讲：桃之夭夭，其叶蓁蓁，之子于归，宜其家人。

说的是女子婚嫁要正当其时，在如桃花一般盛开的青春年华，就应该结婚生子，不可以错过人生的季节。同时，它还讲，女子出嫁是谓“归”，女人真正的归宿在夫家。那么嫁到夫家是为了什么呢？不是现代女性习以为常的，不用付出，只需捧着爱情的金饭碗去享受生活，而是使夫家一家老小和顺安乐，兴旺昌隆。

《大学》里讲：君子不出家而成教于国：孝者，所以事君也；悌者，所以事长也；慈者，所以使众也。

意思是什么呢？意思是说有修养的人在家里就受到了治理国家方面的教育：对父母的孝顺可以用于侍奉君主；对兄长的恭敬可以用于侍奉官长；对子女的慈爱可以用于统治民众。

妻子相夫教子的功夫决定了一个家族未来的命运，所以，尽好一个做妻子的本分，几乎可以治理国家了。所以被誉为儒家六祖慧能的王凤仪老善人说，女人强则国强，女人是世界的源头，源正则水清。这里所说的强，不是在外面争强好胜，而是内心富足而强大，有足够的智慧助夫成德，有足够的教养令儿女“不出家而成教于国”。

国学里的人生智慧不胜枚举，字字珠玑，穿越 2500 多年而闪耀着至理的光芒。传统文化以及传统文化里的女德，并不是人们

误解的那样腐朽老旧，它恰恰是我们文化断根的中国人最需要的精神滋养，也是救拔我们出离苦海的诺亚方舟。有时间的话，建议大家读读国学，真正了解我们老祖宗留给我们的瑰宝。同时，也建议大家读读伊丽莎白女王、里根夫人南希、撒切尔夫人的传记，你们就会了解即使是西方世界，最成功的女性，也是因为深具美好的“女德”，才平安地拥有了一生的荣华与富贵，从而博得世人的尊敬。

最后，祝福大家幸福安乐。

北京汇智博文文化传播有限公司精品书目

网上书城 买二赠一，更多精彩尽在汇智博文
http://shop101388736.taobao.com/

《21 岁当总裁》
董思阳　著
东方出版社

·持续畅销四年，热卖 100 万册的畅销奇书。

·财富、美貌、智慧集于一身的花季少女。

·感动百万创业者，影响千万青少年。

·“零资本创业”最佳读本。

·父母送给孩子的最佳礼物。

《21 岁当总裁·精华合集》
董思阳　著
东方出版社

·励志传奇，畅销百万，风靡全国。

·精华合集，浓缩智慧，超值珍藏。

·送给孩子的最佳励志读物。

·著名企业家冯仑、蒋锡培，《鲁豫有约》主持人陈鲁豫联袂推荐！

《站着上北大》
甘相伟　著
东方出版社

·他是北大保安，他是“草根”、“蚁族”。

·他又是北大中文系的一员，他曾荣获“2011 中国教育年度十大影响人物”。

·读本书，看一个不屈服命运的普通保安在没有资源、毫无背景的情况下，如何依靠奋斗，从苦境里逆生“精英意识”，凭借超出常人的奋斗精神最终考入北大中文系，与北大学子并肩学习的故事。

·北大校长周其凤倾情力荐！

·告诉你什么是真正的学习改变命运！

《21 岁当总裁Ⅱ》
董思阳　著
东方出版社

·承袭热销奇迹，女总裁续写畅销神话。

·揭秘普通女孩蜕变为集团总裁的成功秘籍。

·最前沿的个人修炼理念，8 小时全方位提升自己。

·千万青少年翘首企盼。

《第一次把事情做对》
杨钢　著
新世界出版社

·持续占据畅销书排行榜的销售冠军。

·500 强企业疯狂团购，从董事长到基层员工人手一册。

·中远船务、国航、金杯、剑南春等名企狂掀“第一次把事情做对”热潮。

·节约成本，提高效率，“绝不可错过”的年度必读书。

《亚洲华人企业家传奇》
牟家和　王国宇　著
新世界出版社

·全面展示李嘉诚、王永庆等 11 位顶级华人企业家的发家秘史。

·零距离接触商界领袖的非凡人生。

·华人企业家鲜为人知的创富故事。

·最具权威性的经商之道。

·顶级商界精英的成功经验。

北京汇智博文文化传播有限公司精品书目

网上书城 买二赠一，更多精彩尽在汇智博文
http://shop101388736.taobao.com/

《邓超明创业笔记》
邓超明　著
新世界出版社

·最真实的职场打拼经验。

·最感人的创业心路历程。

·属于奋斗者的心灵圣经。

·“互通国际”掌门人邓超明告诉你，每个人都能活出自己的精彩。

《生命的蜕变》
叶万耿　著
新世界出版社

·揭秘发廊小工身价过亿的创富法则。

·展现他从小学毕业到创立连锁集团的心路历程。

·讲诉白手起家、借债创业的奋斗故事。

·创业者不容错过的实战手册。

《在红尘中修行》
苏引华　著

·有人的地方就有江湖，修行，并不专属于遁入空门的了悟者，能够不断修正自己的一言一行，即使身处红尘也能活出成功和幸福的人生。

·从山间无名少年蜕变成公司总裁，在追寻梦想的道路上，苏引华从未停下脚步。书中的七十余篇日记，不仅仅是他的创业故事，更是他三十年人生经验的沉淀。一册随身相伴，追梦的路上，我们不曾孤单。

《有梦就能实现》
陈田忠　著
新世界出版社

·多次荣登北京新华文化图书畅销榜前十名。

·从中餐馆小跑堂到意大利时尚都会精英。

·从驰骋欧亚大陆的国际倒爷到大名鼎鼎的地产商。

·从教育报国的实业家到参政议政的爱国华侨。

《天下是给出来的》
叶万耿　著
新世界出版社

·著名身心灵作家张德芬作序推荐。

·人世间最究竟、最圆满的创富智慧。

·获得事业成功、财富自由、人生幸福的最有效法门。

·帮你迅速清除生命中的负能量，拥有内外皆富的圆满人生。

《空降美国中学》
郝煜　著
新世界出版社

·美国学生不早起？

·美国学校没作业？

·美国家长从不过问考试成绩？

·被留学生们誉为“天堂”的美国中学究竟是个什么样？

·15岁的郝煜，孤身拖着大行李箱，紧张而又兴奋地踏上美国的土地，亲身“刺探”美国中学。以日志的形式，运用自己的“郝式”幽默，为你讲述一个充满无穷乐趣和奇迹的中学生活。

北京汇智博文文化传播有限公司精品书目

网上书城 买二赠一，更多精彩尽在汇智博文
http://shop101388736.taobao.com/

《魔鬼营销》
李光斗　著
新世界出版社

·揭秘身边的营销智慧，解析营销背后的真正奥义。

·为什么男人可以打折，钻石不能打折。

·为什么在中国麦当劳赶不上肯德基。

·为什么女人的裙子越长，经济就越萧条。

·张艺谋品牌连锁的潜规则是什么。

《定位定天下》
刘军　著
东方出版社

·全球"反定位"理论第一人刘军经典力作。

·彻底颠覆竞争对手的营销组合新战略。

·让强势品牌永远占鳌头。

·使后进品牌脱颖而出。

·带弱小品牌跻身强林。

《质与量的战争》
杨钢　著
东方出版社

·震撼中国企业的质量革命新思维。

·IBM、GE、可口可乐等超过2/3的世界500强企业的"质量圣经"。

·中国航空、航天、石油、石化等百余家行业领军企业成功践行。

·"CCTV经济年度人物"蒋锡培、王文京等商界领袖联袂推荐。

《创业非常道》
作者 / 王国宇 段博惠

企业就像一只木桶，产品、资金、团队、营销就好比构成木桶的木板。而束缚企业发展的，往往是木桶中最短的那块"木板"。因此，创业成功的关键就在于加强企业木桶的"短板"。在本书中，作者针对各块"木板"可能存在的问题，提供了系统的"加长"方案，以使得企业的"容积"达到最大。

《闯与创》
作者 / 王国宇

作者以"闯与创"为主题，以朴素、平实、亲切的语言叙述了自己从一个身无分文的打工者到优秀企业家的奋斗历程，同时也向读者慷慨地分享了怎样才能同时拥有财富与幸福的秘诀。从心灵修养、自我重生、人脉打造，以及创业等诸多方面，为读者全方位地提供了开创美好人生的宝贵经验。

《引爆：精准制导的品牌核爆炸模式》
作者 / 王汉武

品牌营销史上最具指导价值的实战手册！

可口可乐、达能、苹果、耐克、古奇、夏奈尔、星巴克等世界500强企业都在采用的最有效的品牌营销工具模型！

全面引爆品牌的核弹，掌控企业利润的关键按钮！

与作者互动，请加入“博文书友会”

“博文书友会”是北京汇智博文文化传播有限公司为读者精心打造的一个交流平台。在这个“一切为了读者”的平台上，会员们可以尊享本公司提供的六大贴心服务：

一、与作者“亲密接触”

“博文书友会”会定期举办书友交流会，力邀畅销书作家与书友零距离接触，分享自己的成功经验，并回答广大书友的提问。

二、获得免费的培训课程

“博文书友会”会定期抽取一部分幸运会员，免费参加由作者主讲或由我公司举办的培训课程，这些课程主要涉及以下主题：

心灵成长、人生规划、职场礼仪、企业管理、质量管理、品牌营销、投资理财、潜能开发、健康保健、亲子教育等。

三、及时获得新书资讯

“博文书友会”定期将我公司出版的新书书目以邮件形式通知书友，您足不出户即可获知最新的出版资讯，尽享快人一步的阅读乐趣。

四、赢得幸运大礼

“博文书友会”为答谢广大读者的厚爱与支持，联合众多商家定期举办幸运大抽奖活动。这些商家遍及餐饮、旅游、娱乐等行业。幸运读者可获赠代金券、电影票及其他精美礼品，享受餐饮、珠宝、家电、家居饰品的折上折服务。

五、给您挥洒智慧的舞台

为了帮助那些有志于写作的书友们施展才华，“博文书友会”对会员们的投稿提供优先审阅、优先出版的机会。

六、助您广交天下友人

“博文书友会”定期为五湖四海的书友们举办沟通、交流活动。相信“书友会”安排的各种节目不但可以让您增长知识，还能放松身心，广交天下志同道合的朋友。

亲爱的读者，您还在等什么呢？机会不容错过，赶快加入我们吧！您只需轻点鼠标，添加书友会 QQ：800021324，成为我们的会员，就可以尽享我们为您提供的贴心服务。

“博文书友会”真诚欢迎您的加入！

北京汇智博文文化传播有限公司

北京汇智博文文化传播有限公司

北京汇智博文文化传播有限公司多年来致力于励志、企管培训、文史、社科等畅销书的策划、创作、出版、发行工作，并多次成功运作了名列中国年度十大畅销书的作品。

北京汇智博文文化传播有限公司以“真、善、美”的图书产品，滋养国人心灵，推动中国文化产业，促进世界华人终身学习，帮助中国人实现物质与精神两方面的丰盛与幸福为使命，立志将“汇智博文”打造成为中国图书业的一流品牌。我们愿与社会各界同仁携手创造美好的明天！

公司核心价值观：为天地立心，为生民立命，为往圣继绝学，为万世开太平！只出版能带给社会正能量的书籍！

公司代表作品：《21岁当总裁》作者董思阳，《第一次把事情做对》、《质与量的战争》作者杨钢，《魔鬼营销》作者李光斗，《定位定天下》作者刘军，《亚洲华人企业家传奇》作者牟家和、王国宇，《闯与创》作者王国宇，《动成长》作者李践，《基本功》作者易发久，《站着上北大》作者甘相伟，《生命智慧》作者张选，《涵养女德 幸福一生》编者李宛儒陈艺文等。

策划、出版发行图书类型：经管、励志、企业家传记、社科、养生保健、心理、心灵修养、网络文学、职场等。

媒体推广、品牌营销：新闻稿撰写、媒体公关、软文发布、新闻公关、网络公关、论坛公关、事件营销等。

咨询热线：010－84827588　010－84827688　13581631735

传　　真：010－84827668 转 816

投稿邮箱：bjliuzhize@126.com

读者交流：QQ 800021324

网　　址：www.bjhzbw.com

微　　博：http://weibo.com/1849210287

网上书城 买二赠一，更多精彩尽在汇智博文
http://shop101388736.taobao.com/

北京汇智博文文化传播有限公司
http://www.bjhzbw.com/

畅销书策划人刘志则简介

北京汇智博文文化传播有限公司 董事长
北京汇智博达图书音像有限公司 总经理
畅销书策划人、出版人、资深传媒人

从事畅销书策划出版及传媒行业十余年，带领团队共同策划出版过几十部畅销作品，坚持文以载道的出版理念，以真善美的图书产品滋养读者心灵。他带领他的团队策划的《21岁当总裁》和《站着上北大》已突破100万册销量。

公司出版的优秀作品 有：

《动成长》作者：李践
《做我生命的第一》作者：林伟贤
《基本功》作者：易发久
《21岁当总裁》《21岁当总裁 II》作者：董思阳
《站着上北大》作者 甘相伟
《质与量的战争》《第一次把事情做对》作者： 杨钢
《魔鬼营销》作者：李光斗
《闯与创》《创业非常道》《亚洲华人企业家传奇》作者：王国宇
《企业家境界》作者：王贵国
《有梦就能实现》作者：陈田忠
《工作效率手册——成功羊皮卷》作者：刘志则

联系方式：18611611999
投稿邮箱：bjliuzhize@126.com

刘志则微博
http://weibo.com/u/1642095323

汇智博文新浪微博
http://e.weibo.com/huizhibowen